新疆维吾尔自治区草原总站 审定

新疆福海金塔斯草原自然保护区植物图鉴

张云玲 孙 强 主编

中国林业出版社

图书在版编目（C I P）数据

新疆福海金塔斯草原自然保护区植物图鉴/张云玲，孙强主编. -- 北京 : 中国林业出版社，2023.8

ISBN 978-7-5219-2247-9

Ⅰ. ①新… Ⅱ. ①张… ②孙… Ⅲ. ①自然保护区—植物—新疆—图集 Ⅳ. ①Q948.524.5-64

中国国家版本馆CIP数据核字(2023)第123158号

责任编辑：李 顺 马吉萍

封面设计：視美藝術設計

出版发行：中国林业出版社

（100009，北京市西城区刘海胡同7号，电话83223120）

电子邮箱：cfphzbs@163.com

网址：www.forestry.gov.cn/lycb.html

印刷：河北京平诚乾印刷有限公司

版次：2023年8月第1版

印次：2023年8月第1次

开本：710mm×1000mm 1/16

印张：13

字数：250千字

定价：128.00元

《新疆福海金塔斯草原自然保护区植物图鉴》

编辑委员会

主　任：闫　凯　顾　祥

副主任：赵晓林　艾尔肯·达吾提　戚英杰

委　员：张云玲　孙　强　曹秋梅　李文军　陈春海　宋玲钰　田新春

主　编：张云玲　孙　强

副主编：顾　祥　陈春海

编　者（排名不分先后）：

曹秋梅　李文军　田新春　田思瑶　宋玲钰　张建立　黎　阳

李刚勇　托勒肯·贾合普　沙依拉·沙尔合提　巴吐尔·阿不都热合曼

加沙尔　管廷贤　傅　强　刘兴义　刘岳含　张　晶　辛慧慧

闫　洋　叶尔兰·阿克别克　赵国伟　阿依邓·达斯坦　张亚明

齐那尔别克·马迭提　伊丽君　曾雅娟　马合巴丽　宋彩兰　王　静

前言

1984年，原国家城乡建设环保部环保局和农牧渔业部畜牧局联合召开“全国草地类自然保护区调查规划会议”，并部署《全国草地类自然保护区调查规划大纲》的要求，新疆有关方面专家于1985年7—8月对阿尔泰山山地草原及其西南部沙吾尔山干草原进行了野外考察和定点。1985年11月，专家组形成《新疆维吾尔自治区阿尔泰山中段金塔斯山地草原类草地自然保护区调查规划报告书（草案）》。1985年11月，原新疆维吾尔自治区畜牧厅召开协作组工作会议，与会专家一致认为：在福海县金塔斯建立山地草原自然保护区是合适的，同时，还决定在沙吾尔山中部喀尔交南4km处建一个干旱草原自然保护区观测点。经过野外考察研究后，原新疆维吾尔自治区城乡建设环保厅、畜牧厅于1986年4月向新疆维吾尔自治区人民政府上报《关于建立新疆草地类自然保护区的报告》。同年，新疆维吾尔自治区人民政府办公厅发布《关于建立新疆草地类自然保护区的报告的批复》文件，批准成立福海金塔斯山地草原类草地自然保护区。

福海金塔斯山地草原类草地自然保护区位于福海县北部阿尔泰山中段南坡的中低山区，喀拉额尔齐斯河下游的东侧，福海与富蕴两县界河卓路特河以西，南至两河交汇处，北与科斯提相接。距阿勒泰市东46km，离福海县城130km，地理坐标88° 41′ 35″ ~88° 56′ 5″ E，47° 34′ 00″ ~47° 40′ 15″ N，面积15348.27hm^2，含沙乌尔干旱草原面积666.80hm^2。保护区主要保护对象为温性草原类草地及其野生牧草种质资源。

福海金塔斯山地草原类草地自然保护区成立后，曾进行过一次小范围的综合科学考察，但由于种种原因一直也没有形成综合科学考察报告。之后近30年，再也没有开展过大型综合科学考察或相应植物资源调查工作，保护区管理站每年只开展一些常规性观测工作，致使保护区缺乏本底数据。

2018—2019年，新疆维吾尔自治区草原总站联合新疆生态与地理研究所开展保护区植物资源专项调查，2020年、2022年新疆维吾尔自治区草原总站连续对保护区进行了补充调查，在福海县人民政府、阿勒泰地区畜牧局、福海县金塔斯自然保护区管理站、福海县草原工作站的协助下，调查工作得以圆满完成。调查区域包括福海县北部阿尔泰山中低山区，西至喀拉额尔齐斯河，东至卓路特河，南至两河交汇处，北至红山咀，以及福海县萨尔布拉克观测点和吉木乃县沙吾尔山中部喀尔交观测点。

通过实地调查，该保护区内野生维管植物共有56科238属364种（含亚种、变种），其中含蕨类植物3科3属3种，裸子植物3科4属5种，被子植物50科231属356种。调查结果显示，保护区内分布有多种优良牧草，如无芒雀麦 *Bromus inermis*、草地早熟禾 *Poa pratensis*、高山早熟禾 *Poa alpina*、阿拉套羊茅 *Festuca alatavica*、沟叶羊茅 *Festuca valesiaca* subsp. *sulcata*、镰荚苜蓿 *Medicago falcata*、紫花苜蓿 *Medicago sativa*、野火球 *Trifolium lupinaster*、白花车轴草 *Trifolium repens*、红花车轴草 *Trifolium pratense*、藏新黄芪 *Astragalus tibetanus* 等；有小麦和大麦的近缘种偃麦草 *Elytrigia repens*、冰草 *Agropyron cristatum*、新麦草 *Psathyrostachys juncea*、毛穗赖草 *Leymus paboanus*、窄颖赖草 *Leymus angustus* 等，还有许多野生观赏花卉，如窄叶芍药 *Paeonia anomala*、新疆芍药 *Paeonia sinjiangesis*、异瓣郁金香 *Tulipa heteropetala*、新疆野百合 *Lilium martagon* var. *pilosiusculum*、细叶鸢尾 *Iris tenuifolia*、中亚鸢尾 *Iris bloudowii* 等。这些都可作为牧草、粮食作物及花卉育种的遗传材料。

目前，该保护区面临人员技术力量薄弱、巡查任务繁重、管护人员严重短缺等困难，保护区内的工作人员，不少是从其他岗位转制而来，缺乏相关的专业知识，保护区内科研、监测等工作难以有效开展，自然保护区的建设与管理工作远远滞后于生态文明建设的需求。为了便于该保护区技术人员、林草相关技术人员开展草地监测、草地资源调查、种质资源收集等工作，特出版本图鉴。本图鉴收录了保护区实地调查的56科238属364种植物。每种植物介绍包括：植物中文名称、学名、形态特征、生境、彩色图片等内容。本书中的蕨类植物按秦仁昌（1978）的系统，裸子植物按郑万钧《中国植物志》第七卷的系统，被子植物的科、属按照恩格勒系统（有些进行了修正）排序。采用上述系统，只是为了应用上的方便，并不反映编著者的观点。中文名、学名及种的描述参考了《中国植物志》《中国高等植物》《中国高等植物图鉴》《新疆植物志》及 *Flora of China*。

本图鉴能够顺利出版，得到了中央财政林业草原生态保护恢复资金——草原生态修复治理补助项目、新疆维吾尔自治区创新环境（人才、基地）建设专项——资源共享平台建设项目（PT2033）、新疆维吾尔自治区林业发展补助资金项目（XJLYKJ-2022-07）的资助，在新疆维吾尔自治区林业和草原局、新疆维吾尔自治区草原总站、中国科学院新疆生态与地理研究所、阿勒泰地区林业和草原局、福海县林业和草原局、福海金塔斯草地自然保护区管理站等单位及同仁们共同努力下完成。本图鉴主要摄影者有曹秋梅、李文军、张云玲，部分图片由通化师范学院周繇教授、新疆农业大学王兵教授、昆明植物研究所张挺副研究员、新疆生态与地理研究所尹林克研究员、王喜勇博士、王烨高工、侯翼国工程师、段世民研究员和博乐市草原工作站管廷贤等提供，在后期校稿中得到了石河子大学阎平教授、新疆农业大学邱娟副教授和孟岩讲师的帮助，在此，谨向以上单位和个人致以最真挚的感谢！

由于编者水平和编著时间有限，书中难免有错误和不足之处，恳请读者提出宝贵意见，以便今后再版时得以修正。

编　者

2022 年 12 月

目录

蕨类植物门
PTERIDOPHYTA

木贼科 Equisetaceae

问荆 *Equisetum arvense* L.

形态特征：中小型蕨类，根茎斜升、直立或横走。不育枝后萌发，高达40cm。地上茎直立，二型。营养茎在孢子茎枯萎后生出，高20~40cm，有棱脊6~15条。叶退化，下部联合成鞘，鞘齿披针形，黑色，边缘灰白色，膜质；分枝轮生，中实，有棱脊3~4条，单一或再分枝。孢子茎早春先发，常为紫褐色，肉质，不分枝，鞘长而大。孢子囊穗顶生，钝头，长2~3.5cm；孢子叶六角盾形，螺旋排列，边缘着生长形孢子囊。孢子一形。

生境：生于湿地边、河谷、林缘、林中空地，海拔900~3000m。

铁角蕨科 Aspleniaceae

叉叶铁角蕨 *Asplenium septentrionale* (L.) Hoffm.

形态特征：中小型蕨类，植株高10~15cm。根状茎短而直立，顶端密被黑褐色披针形鳞片。叶簇生，坚硬，厚纸质，光滑；叶柄长5~10cm，基部栗色，上部绿色，光滑，有纵沟；叶片细线形，长3~5cm，宽1~3mm，一至二回二歧撕裂，顶端常2~3浅裂，裂片急尖或呈刺芒尖，两侧全缘；叶脉不显，主脉与细脉近平行。孢子囊群狭线形，生细脉上侧，与主脉平行，成熟后布满叶背面；囊群盖线形，淡褐色，膜质，全缘，开向主脉。孢子褐色，卵圆状至肾形，有皱纹。

生境：生于山地林缘石缝，海拔1800~2000m。

水龙骨科 Polypodiaceae

欧亚多足蕨（欧亚水龙骨）*Polypodium vulgare* L.

形态特征：附生植物，植株高15~20cm。根状茎长而横走，密生鳞片，鳞片棕色，卵状披针形，边缘有粗锯齿。叶厚纸质，光滑或沿叶轴下面偶有1或2极小的鳞片；叶柄长4~8cm，以关节和根状茎相连；叶片长8~12cm，宽3~4cm，阔披针形，羽状深裂几达叶轴；裂片斜展，钝头，边缘波状或向顶部有不甚明显的缺刻状锯齿。叶脉羽状分叉，小脉不达叶边。孢子囊群生于每组侧脉的基部上侧小脉顶端，位于叶边和主脉之间，无盖。

生境：生于山地林下或林缘石缝中，海拔1700~2000m，较普遍。

裸子植物门 GYMNOSPERMAE

松科 Pinaceae

新疆云杉（西伯利亚云杉）*Picea obovata* Ledeb.

形态特征：常绿乔木。高达35m，树皮深灰色，裂成不规则块片。小枝上有木钉状叶枕，基部有先端疏展的宿存芽鳞；一至二或三年生枝呈姜黄色或黄褐色，有较密的腺毛，或在较老枝上因腺头脱落而成短硬毛。叶螺旋状着生，呈向上辐射状伸展，锥形，长1.3~2.3cm，先端凸尖，横切面菱形或扁方形，四面有白色气孔线。雄球花单生叶腋。球果单生侧枝顶端，下垂，卵状圆柱形或圆柱状矩圆形，长5~11cm，熟前紫黑色或紫红色，熟时黄绿色常带紫色，或呈褐色；种鳞三角状倒卵形，上部圆或圆截形，腹面有2粒上部有翅的种子；苞鳞形小，种子黑褐色，连翅长约1.5cm。花期5月，球果9—10月成熟。

生境：生于阿尔泰山地，与西伯利亚落叶松、西伯利亚冷杉或疣枝桦混生，海拔1300~2200m。

新疆落叶松（西伯利亚落叶松）*Larix sibirica* Ledeb.

形态特征：落叶乔木。小枝不下垂；一年生长枝淡黄色或黄色，有光泽，幼时密生长毛；短枝顶端叶枕之间密生白色毛。叶在长枝上螺旋状散生，在短枝上簇生，倒披针状条形，扁平，长2~4cm，下面每边有2~3条气孔线。球花单生短枝顶端。球果卵圆形或长卵圆形，熟前紫褐色，熟时褐色或微带紫色，长2~4cm；种鳞三角状卵形、近卵形或斜方形，长1.5~1.8cm，背面常有密锈褐色毛，间或无毛或几无毛；苞鳞紫红色，窄三角状长卵形，先端尾状渐尖，不露出或微露出；种子连翅长1~1.5cm。花期5月，球果9—10月成熟。

生境：生于山地，形成纯林或与其他树种形成混交林，海拔1000~3200m。

柏科 Cupressaceae

西伯利亚刺柏 *Juniperus communis* var. *saxatilis* Pall.

形态特征：直立或匍匐灌木，高30~50cm。树皮灰色，小枝密，粗壮，红褐或紫褐色。刺叶3枚轮生，针形，通常呈镰状弯曲。球花单生于一年生枝叶腋。球果圆球形，成熟时黑色或黑褐色，被蜡粉。种子3粒，间或1~2粒，卵形，淡褐或黄褐色，3棱，每面具树脂槽，长约5mm，顶端尖或钝。花期6月，球果次年成熟。

生境：生于林缘、疏林、林中空地及干燥多石山坡，海拔1400~2500m。

叉子圆柏（欧亚圆柏）*Juniperus sabina* L.

形态特征：匍匐灌木。主干枝蔓生铺地，枝梢斜上展。叶分刺叶和鳞叶，幼苗和幼树下部枝几全为刺叶，成年树则兼有；鳞叶呈菱形或狭菱形，长1~1.5mm，顶端钝少锐尖，直；背腺长圆形，居中，显著。雌雄异株少同株，球花均着生在三级小枝顶端；雄球花长圆形或椭圆形，淡黄色，长2~3mm，小孢子叶5~7对，各具2~4枚小孢子囊；雌球花初直立后俯垂。球果，密被白粉，含1~4粒种子。花期5—6月，球果2~3年成熟。

生境：生于山地干旱山坡、灌丛、林缘，海拔（900）1000~3000m。

麻黄科 Ephedraceae

中麻黄 *Ephedra intermedia* Schrenk ex Mey.

形态特征：灌木，高20~80cm。茎直立或具斜上升的小枝，小枝节上对生或轮生；当年生枝几平行向上，淡灰绿色，密被蜡粉，光滑，具浅沟纹。叶片2枚，连合成鞘，长1.5~2mm，4/5连合，背部稍增厚，具两条棱肋，形成狭三角形或狭长圆形叶片，基部沿节上一圈增厚，联结叶片的膜较宽，近革质，淡黄绿或淡黄褐色，后变淡灰白色，常具横纹。雄球花（聚合小孢子叶球）椭圆形或长卵形；基部具一对总苞片；两边各具一枚基部连合、边缘膜质、背部淡绿色具棱脊的舟形苞片；内含3朵花，均着生在假花被（小孢子叶）中；从第二对苞片开始，两边各含1朵花；在最上一对苞片中，含3朵花，中间1朵最大；雄蕊柱（花药轴）全缘，长1~2mm，伸出，具6~7对无柄的花粉囊。雌球花含2种子，长圆状卵形；苞片3~4对，交互对生，草质，淡绿色，具白膜质边缘，成熟时红色，后期微发黑；最下一对总苞片呈叶鞘状，中部以下连合，不随雌球花脱落；第二、三对苞片依次较大，下部连合；最内层（上部）苞片最大，中部以下连合。种子2粒，不露出，椭圆形，灰棕色，背部凸，腹面平凹；珠被管长2~3mm，螺旋状弯，顶端具全缘浅裂片。花期6月，种子8月成熟。

生境：生于前山荒漠砾石阶地、干旱石质山脊、石质陡峭山坡，海拔1000~3000m。

被子植物门
ANGIOSPERMAE

杨柳科 Salicaceae

谷柳 *Salix taraikensis* Kimura

形态特征：灌木或小乔木，高3~5m，树皮暗褐色。小枝无毛，栗褐色。叶椭圆状倒卵形或椭圆状卵形，长2~10cm，基部圆或宽楔形，两面无毛或幼叶稍有短柔毛，全缘，或萌枝或小枝上部的叶有不规则齿牙缘；叶柄长5~7mm，无毛，托叶肾形或偏卵形，有齿牙缘。花与叶同放或稍先叶开放；雄花序椭圆形或短圆柱形，有短梗，基部有数个小叶，轴疏被长毛；雄蕊2，花丝无毛，为苞片长的4~5倍；苞片椭圆状倒卵形，先端带褐色或近黑色；腺体1，腹生。雌花序长1~3cm，径0.8~1cm，被短柔毛，基部有数小叶；子房被柔毛，具长柄，有毛，花柱短，柱头2裂；苞片同雄花。蒴果长约7mm，有毛。花期4月下旬，果期6月上旬。

生境：生于河谷、林缘、疏林、混交林中，海拔1200~2000m。

桦木科 Betulaceae

垂枝桦（疣枝桦）*Betula pendula* Roth.

形态特征：乔木，高达25m，树皮白色，薄片剥落。芽无毛，含树脂。老树枝条细长下垂。叶菱状卵形、三角状卵形，先端渐尖或尾尖，基部宽楔形或楔形少平截，无毛，背面有树脂点，重锯齿粗；叶柄长2~3cm，无毛。果序圆柱形，长2~4cm；果苞长约5mm。小坚果倒卵形，翅较果宽1倍。花期4月上旬至5月上旬，果期7月。

生境：生于山地林缘、混交林、河谷，海拔900~2000m。

圆叶桦 *Betula rotundifolia* Spach

形态特征：灌木，高约2m。芽椭圆形或球形，芽鳞边缘有须毛。1年生小枝密被树脂点。叶近圆形，长1~2.5cm，先端圆，基部圆，稀宽楔形，无毛，背面有树脂点，侧脉3~4对，锯齿钝圆；叶柄长约5mm，被细柔毛。果序长圆形，长1.5cm，径6mm，果序柄长约4mm，被细柔毛及树脂点，果苞长约4mm，裂片长圆形，中裂片较宽长。小坚果长圆形，长约2mm，果翅较窄或与果等宽。花果期7—8月。

生境：生于高山林缘至冻原，或林缘沼泽，海拔2000~2400m。

大麻科 Cannabaceae

啤酒花 *Humulus lupulus* L.

形态特征：多年生攀缘草本，茎、枝和叶柄密生茸毛和倒钩刺。叶卵形或宽卵形，长4~11cm，宽4~8cm，先端急尖，基部心形或近圆形，不裂或3~5裂，边缘具粗锯齿，表面密生小刺毛，背面疏生小毛和黄色腺点；叶柄长不超过叶片。雄花排列为圆锥花序，花被片与雄蕊均为5；雌花每两朵生于一苞片腋间；苞片呈覆瓦状排列为一近球形的穗状花序。果穗球果状，直径3~4cm；宿存苞片干膜质，果实增大，长约1cm，无毛，具油点。瘦果扁平，每苞腋1~2个，内藏。花果期7—9月。

生境：生于山地林缘、灌丛、河谷，海拔900~1500m。

荨麻科 Urticaceae

异株荨麻 *Urtica dioica* L.

形态特征：多年生草本，高40~50cm。茎直立，四棱形，分枝，通常密被短伏毛和螫毛，叶对生，卵形或卵状披针形，基部心形，沿缘具大的锯齿，表面有稀疏的螫毛，背面有较密的螫毛、短毛及小颗粒状的钟乳体，基出脉3~5条；叶柄较长。花单性，雌雄异株。瘦果卵形或宽椭圆形，光滑。花期7—8月，果期8—9月。

生境：生于高山草甸岩石缝中，海拔900~3200m。

蓼科 Polygonaceae

密序大黄（密穗大黄）*Rheum compactum* L.

形态特征：多年生大型草本，高达2m。根状茎及根粗壮，暗褐色；茎直立，中空，光滑。基生叶较大，卵状心形，直径20~30cm，全缘，基出脉5~7条，叶正面光滑无毛，背面具粗糙短毛；叶柄半圆柱状，短于叶片或近等长，下面粗糙；茎生叶较小，柄较短；托叶鞘短，无毛或略粗糙。大圆锥花序，分枝较密而开展，果时聚拢；花数朵簇生，黄白色；花梗细长，关节位于下部；花被片椭圆形，内外轮约等大，长约2mm。果实宽椭圆形到矩圆状椭圆形，翅稍窄于种子，宽约3mm，纵脉位于翅的中间部分。种子卵形到宽卵形，暗褐色。花果期6—7月。

生境：生于山地森林河谷岸边，草原灌丛的山坡上，海拔2000m左右。

酸模 *Rumex acetosa* L.

形态特征：多年生草本，高30~100cm。主根短，具多数绳索状的须根。茎通常单一，直立，中空，具棱槽。基生叶和茎下部叶具长柄；茎上部叶渐小，具短柄或无柄抱茎。花单性，雌雄异株，蔷薇色或淡黄色；花序窄，圆柱形；花梗细，中部具关节；雄花花被片长圆状椭圆形，外轮花被片较小，整个脱落；雌花外轮花被片小，反折，贴向花梗，内轮花被片在果期增大，凹处具1个形如小瘤的附属物。瘦果椭圆形，具3棱，暗褐色，有光泽。花果期6—8月。

生境：生于高山、亚高山草甸和森林带山坡，林缘，林间，山谷河滩及水边，海拔1050~2600m。

直根酸模（长根酸模）*Rumex thyrsiflorus* Fingerh.

形态特征：多年生草本，高30~100cm。直根，长圆锥形，直径达1cm。茎单一，直立，具深沟。基生叶和茎下部叶具长柄；叶片卵状长圆形或披针形，长2~20cm，宽1~6cm，先端渐尖，基部箭头状，具狭窄锐尖向外的裂片，沿缘稍波状；茎上部叶渐小，窄，有短柄或无柄抱茎。圆锥花序宽，金字塔形；花单性，数朵簇生成轮，淡紫红色或浅绿色；花梗细，几与内轮果被片等长，中部或近中部具关节；雌雄异株，雄花花被片直立，外轮花被片稍短；雌花外轮花被片小，反折，贴向花梗，内轮花被片果期增大，圆状广椭圆形或圆形。瘦果椭圆形，具3棱，长约2.5mm，宽约1mm，暗褐色，有光泽。花果期6—8月。

生境：生于河边草滩，河谷草甸，山地草甸和林间低洼湿地，海拔900~1600m。

单瘤酸模（盐生酸模）*Rumex marschallianus* Rchb.

形态特征：一年生草本，高3~50cm。直根细。茎直立，带有淡紫红色或淡红色，通常自基部分枝。茎下部叶披针形或长圆状广椭圆形，长1~4cm，宽0.5~1.5cm，先端渐尖，基部楔形或圆形，沿缘微波状，具有短于叶片或与其等长的柄；茎上部叶窄小。圆锥花序具稀疏的花枝；花两性，多花簇生成轮，密集；花梗细，果时下弯，基部具关节；外轮花被片窄小，内轮花被片果期增大，卵状三角形，长2~2.5mm，宽1.5mm，先端钻状渐尖，每侧具2~3刺毛状的齿，刺齿的长超过花被片宽的2~6倍；花被片中仅1片具小瘤。瘦果椭圆形，长约1mm，具3棱，褐色，有光泽。花期6—7月，果期7—8月。

生境：生于河边、湖边、盐碱地、荒地湿处，海拔950~3000m。

绿叶木蓼 *Atraphaxis laetevirens* (Ledeb.) Jaub. et Spach

形态特征：小灌木，高30~70cm。主干粗糙，分枝开展；木质枝细弱，弯拐，树皮深灰色呈条状剥离，顶端具叶或花，无刺；当年生枝细弱，具条纹，淡褐色，密生乳头状突起。托叶鞘圆筒状，基部褐色，边缘具粗齿；叶椭圆形或宽椭圆形，绿色，革质。总状花序顶生，长1.5~3cm，花排列稀疏；花梗长约1cm，关节位于下部1/3处；花被片5，粉红色，具白色边缘，内轮花被片3，圆心形，长5~6mm，宽6~7mm，外轮花被片2，宽卵形，果时向下反折。瘦果卵形或菱状卵形，具3棱，黑褐色，平滑，光亮。花期5—6月，果期6—7月。

生境：生于砾石质及石质山坡，海拔1200m左右。

细枝木蓼（美丽木蓼）*Atraphaxis decipiens* Jaub. et Spach

形态特征：小灌木，高10~30cm，多分枝。主干粗壮，短而弯拐，树皮灰褐色呈条状剥离；木质枝短粗，弯拐，顶端无刺；当年生枝细弱，无毛，密集，顶端生叶或花。托叶鞘圆筒状，长约5mm，基部褐色，上部膜质，透明，顶端具2个尖锐牙齿；叶绿色，革质，披针形至线状披针形，顶端钝，具短尖，基部渐狭，边缘稍下卷，无毛，背面有突起的中脉及不明显的侧脉。总状花序短，着生于当年生枝的顶端，花少数，排列稀疏；花梗长约5mm，关节位于中上部；花被5片，粉红色，内轮花被片3，宽椭圆形。瘦果狭卵形，顶端渐尖，具3棱，暗褐色，平滑，光亮。花果期5—8月。

生境：生于荒漠中的砾石戈壁和干山坡，海拔1040m左右。

木蓼 *Atraphaxis frutescens* (L.) Ewersm.

形态特征：灌木，高30~70cm，分枝开展或向上，树皮淡灰色；枝在顶端具叶或花，无刺，当年枝短缩，稍从株丛中露出，无毛或被短柔毛。叶无柄或有短柄，叶片淡灰蓝色或浅灰绿色，从窄披针形至倒卵形，先端渐尖，具软骨质锐尖，基部渐狭成短柄，两面无毛，背面网状脉突起；托叶鞘筒状，膜质，长2~3mm，下部淡褐色，上部白色，具2个渐尖的齿。总状花序生于当年枝的顶端，通常不分枝，长2~6cm，花稀疏；花白色或淡红色具白色边缘；花被片5，排成两轮，外轮2片，内轮3片；花梗细长，中部具关节。瘦果卵形，具3棱，暗褐色，无毛，有光泽。花果期6—8月。

生境：生于荒漠的沙地、戈壁、荒地，山地河谷的河漫滩及石质山坡，海拔900~1900m。

短柄蓼 *Polygonum nitens* (Fisch. et C.A. Mey.) V. Petrov ex Komarov

形态特征：多年生草本，高20~60cm。根状茎肥厚，盘曲，暗褐色。茎通常单一，直立，不分枝，无毛。基生叶具短柄，叶片椭圆形或椭圆状披针形，长8~12cm，宽2~3cm，先端渐尖，沿叶柄下延成窄翅，全缘，通常沿缘外卷，表面无毛，背面有卷曲的伏毛；茎生叶向上狭小，披针形或线形；托叶鞘筒状，长1~4cm，红褐色，先端斜形，通常2裂，沿脉被乳头状毛。总状花序呈穗状，顶生，花密集；苞片膜质，淡褐色，先端具3个锐齿；花梗细；花粉红色，花被5深裂，几达基部。瘦果卵形，具3棱，暗褐色，有光泽，短于花被。花果期6—9月。

生境：生于高山和亚高山草甸，海拔2000~3200m。

珠芽蓼 *Bistorta vivipara* (L.) Gray

形态特征：多年生草本，高10~40cm，根状茎肥厚。茎直立，具棱槽，不分枝，叶片长椭圆形或卵状披针形。基生叶和茎下部叶具长柄，茎上部叶有短柄至无柄。总状花序呈穗状，顶生，狭圆柱形，生珠芽。花淡红色或白色，花被5深裂。瘦果卵形，具3棱，深褐色，有光泽。花果期6—9月。

生境：生于云杉林下、森林草甸、高山和亚高山草甸、苔藓和岩石的冻土带，海拔1600~3200m。

叉分蓼 *Koenigia divaricata* (L.) T. M. Schust. et Reveal

形态特征：多年生草本，高50~100cm。茎直立或斜升，具细棱槽，分枝开展，常呈叉状，疏生柔毛或无毛。叶披针形或椭圆形，长5~12cm，宽0.5~2cm，先端锐尖，基部狭楔形，全缘或微波状；叶柄短或上部近无柄；托叶鞘膜质，淡褐色或褐色，开裂，被柔毛或无毛。圆锥花序顶生和腋生，大型，疏松开展；苞片卵形，膜质，褐色，含2~3朵花；花梗长2~2.5mm，无毛，上端有关节；花被白色或淡黄色。瘦果卵状菱形或椭圆状菱形，具3棱，棱角锐，长5~7mm，黄褐色，有光泽。花果期6—8月。

生境：生于河谷滩地、山地灌丛、林间空地、混交林和针叶林下，海拔1000~2100m。

藜科 Chenopodiaceae

平卧轴藜 *Axyris prostrata* L.

形态特征：一年生矮小草本，株高2~10cm。茎密被星状毛，后期毛脱落。叶柄几与叶片等长，叶片宽椭圆形、卵圆形或近圆形，长0.5~1cm，宽0.4~0.7cm，先端圆形具小尖头，两面均被星状毛。雄花花序头状，花被片3（5），膜质，倒卵形，背部密被星状毛，毛后期脱落。雌花花被片3，膜质，被毛。果实圆形或倒卵圆形，侧扁，两侧面具同心圆状皱纹，顶端附属物2。花果期8—9月。

生境：生于河谷、阶地、多石山坡或草滩，海拔1000m左右。

心叶驼绒藜 *Ceratoides ewersmanniana* (Stschegi. ex Losinsk.) Botsch. et lkonn.

形态特征：灌木，植株高0.8~1.5m，分枝多集中于上部。叶柄短，叶片卵形或卵状矩圆形，长2~3.5cm，宽1~2cm，先端急尖或圆形，基部心脏形，具明显的羽状叶脉。雄花序细长而柔软。雌花管椭圆形，长2~3mm，角状裂片粗短，略向后弯，果时管外具四束长毛。果椭圆形，密被毛。种子直生，与果同形。胚马蹄形，胚根向下。花期6—7月，果期8—9月。

生境：生于半荒漠石质山坡，海拔900~1200m。

角果藜 *Ceratocarpus arenarius* L.

形态特征：一年生草本植物，植株高5~30cm。叶长0.5~6cm，宽0.1~0.5cm，全缘，先端渐尖并具小尖头，基部渐狭，无柄。胞果楔形或倒卵形，顶端平截或凹，基部渐狭，无柄，密被星状毛，两角的针状附属物长0.2~0.8cm，劲直或稍内弯。雄花长约1.5mm，黄色，膜质，花丝短，条形，花药近球形，底着，纵裂。种子直立。花期4—6月，果期6—10月。

生境：生于固定及半固定沙丘、沙地（含盐土沙地）、黏土质撂荒地和干旱荒地、前山丘陵、洪积扇砾质荒漠，海拔940~1100m。

刺藜 *Chenopodium aristatum* L.

形态特征：一年生草本。茎直立，高达40cm，多分枝，枝具条棱及色条。叶线形或窄披针形，长达7cm，宽约1cm，全缘，先端渐尖，基部缢缩成短柄，中脉明显。复二歧式聚伞花序生于枝端及叶腋，末端分枝针刺状。花两性，几无梗；花被近球形，5深裂，裂片窄椭圆形，背部稍肥厚，具膜质边缘，果时开展。胞果顶基扁，圆形。种子横生，周边平截或有棱。花期8—9月，果期10月。

生境：生于芨芨草滩、山地草原带的山谷及干旱阳坡，海拔900m左右。

香藜 *Dysphania botrys* (L.) Mosyakin et Clemants

形态特征：一年生草本，高20~50cm，全株有头状腺毛和强烈气味。茎直立。叶片矩圆形，长2~4cm，宽1~2cm，边缘羽状深裂；上部叶较小，披针形，全缘；叶柄长2~10mm。花两性，复二歧式聚伞花序腋生；花被裂片5，矩圆形，边缘膜质，果时直立，包覆果实；雄蕊1~3；柱头2。胞果扁球形，果皮膜质，带白色。种子横生，黑色，有光泽。花期7—8月，果期8—9月。

生境：生于水渠旁、河岸、山间谷地、沙质坡地、干旱山坡、砾质荒漠及荒漠草原，海拔900~1900m。

球花藜 *Blitum virgatum* L.

形态特征：一年生草本，高30~60cm。茎多由基部分枝，直立或斜升，细瘦，浅绿色，平滑。茎下部叶的叶片三角状狭卵形，先端渐尖；茎上部和分枝上的叶披针形或卵状戟形。花两性兼雌性，密生于腋生短枝上形成球状或团伞花序；花被通常3深裂，果熟后变得多汁并呈红色；雄蕊1~3；柱头2，略叉开。胞果扁球形。种子直立，直径约1mm；胚半环形。花期6—7月，果期8—9月。

生境：生于河漫滩、林缘、山坡湿处、山地草甸、山地河谷，海拔1100~2800m。

藜（灰藜）*Chenopodium album* L.

形态特征：一年生草本，高30~120（150）cm。茎直立，具绿色或紫红色色条。叶有长叶柄；叶片菱状卵形至宽披针形，长3~6cm，宽1~5cm。边缘常有不整齐的锯齿。花两性，数朵簇生，排列为腋生或顶生的穗状或圆锥花序；花被片5，边缘膜质；雄蕊5；柱头2。胞果包于花被内。种子横生，双凸镜状，直径1.2~1.5mm，表面有浅沟纹，边缘钝。花果期5—10月。

生境：生于水渠边、荒地、河漫滩、洪积扇冲沟、山间河谷、山地草原、山地草甸等处，海拔900~1700m（少数2100~3000m）。

木地肤 *Bassia prostrata* (L.) Beck

形态特征：半灌木，高20~60（80）cm。基部的木质茎灰褐色或黑褐色，当年生枝通常稠密。叶互生，常数片聚集腋生短枝而呈簇生状，条形。花两性兼有雌性，穗状花序。花被片果时变革质，背部具翅；翅膜质，具紫红色或黑褐色脉。胞果扁球形。种子横生，黑褐色。花期7—8月，果期9月。

生境：生于平原荒漠、洪积扇砾质荒漠、干旱山坡、荒漠草原、山地砾质山坡、前山丘陵等地，海拔930~1680m（少数1900~2700m）。

樟味藜 *Camphorosma monspeliaca* L.

形态特征：亚灌木。当年生枝密生白色绵毛；营养枝多数，长5~12cm，铺散或上升。叶线形或钻形，长3~5mm，被柔毛；腋生短枝长1~3cm。花在花枝的上部集成有分枝的穗状花序；苞片披针形。花被窄椭圆形，2侧齿稍外弯，较背腹齿长；花药长约1.1mm，花丝长约4mm，外伸，花柱长约1mm，柱头长1.5~2mm。胞果椭圆形，长1.5~2mm。种子直立，黑褐色。花果期7—9月。

生境：生于沙丘、荒地、平原荒漠和干旱山坡，海拔1000m左右。

盐生草 *Halogeton glomeratus* (Bieb.) C. A. Mey.

形态特征：一年生草本，高5~30cm。茎直立，多分枝或稍分枝。枝常短于茎，外倾或斜上，无毛，灰绿色。叶圆柱形，长0.4~1.2cm，径1.5~2mm，先端尖或钝，幼时具1长刺毛。花常4~6朵聚集成团伞花序，遍生叶腋。花被片披针形，膜质，1脉，果时背面翅状附属物半圆形，近等大，脉纹明显，幼时内轮花被片的翅不发育；雄蕊2。种子直立，近圆形。花果期7—9月。

生境：生于洪积扇及平原砾质荒漠，海拔1000m左右。

石竹科 Caryophyllaceae

叉歧繁缕（叉繁缕）*Stellaria dichotoma* L.

形态特征：多年生草本，高达60cm。主根粗壮，直径达1cm，多分枝细根。茎多数簇生，多次二叉分枝，密被腺毛或短柔毛。叶无柄，卵状披针形，叶面及边缘多少密被腺毛或短柔毛。花多数；二歧聚伞花序；萼片披针形；花瓣白色，比萼片稍短；雄蕊10，5长5短；子房倒卵形，花柱3，丝形。蒴果长约3mm，6裂。种子1~3，稀4~5，卵形，褐黑色，表面有小瘤状突起。花果期6—8月。

生境：生于石质干山坡，海拔1600~2580m。

叶苞繁缕（厚叶繁缕）*Stellaria crassifolia* Ehrh.

形态特征：多年生草本，高10~15cm，全株无毛。根茎细长。茎纤细，常具4棱，上升，分枝。叶无柄，叶片卵状披针形或披针形，顶端渐尖，基部近圆形或楔形，全缘。花单生叶腋或枝顶；苞片叶状，草质；花梗细，长1~2cm，在果期长达3.5cm，下弯；萼片5，卵状披针形，具3脉；花瓣5，白色，2深裂；雄蕊10，短于花瓣；具3花柱。蒴果椭圆形，6齿裂；种子扁球形，棕褐色，具细瘤状突起。花果期6—8月。

生境：生于滩地、草甸及沟渠边，海拔2000m左右。

准噶尔繁缕 *Stellaria soongorica* Roshev.

形态特征：多年生草本，高15~40cm，全株无毛。根茎细。茎单生或疏丛生。叶片线状披针形或线形，无毛，基部被柔毛，无柄，微半抱茎。花单生；花梗细；苞片披针形，边缘膜质；萼片5，卵状披针形，边缘膜质，无毛；花瓣5，白色，顶端2深裂，裂片长圆状倒披针形；雄蕊10；花柱3，果时外露。蒴果长圆状卵圆形，深褐色或近黑色，6齿裂；种子细小，微扁，褐色，具细疣状突起。花果期6—8月。

生境：生于山坡林下及高山草甸，海拔1900~2600m。

六齿卷耳 *Cerastium cerastoides* (L.) Britt.

形态特征： 多年生草本，高5~20cm。茎基部伏卧，下部无毛，上部常被腺毛。叶长圆形，披针形或线形，先端稍钝，无毛或上部叶被腺毛，下部叶腋常有不育枝。花序顶生，呈二叉状；花梗长可达2.5cm，被腺毛，花后下倾；萼片长圆形，先端锐，背面被腺毛；花瓣白色，长于萼；花柱3，极稀4。蒴果长圆形，6齿裂。种子小，被规则排列的乳头状突起。花果期6—8月。

生境： 生于高山及亚高山草甸，海拔2000~3200m。

腺花蝇子草 *Silene adenopetala* Raikova

形态特征： 多年生草本。全株被腺毛。根粗。茎直，高7~20cm。基生叶披针状匙形，向基部渐狭，长2~5cm，宽4~10mm；茎生叶披针形，无柄，较小。花顶生、单生或2~3数；萼筒状钟形，脉10条，长18~20mm，萼齿锥状，较尖，长5~6mm；花瓣白色，被腺毛，瓣片2深裂，裂片矩圆形，基部耳状加宽，长为萼的1.5倍，爪有毛；雌雄蕊柄长7mm，被腺柔毛；花丝有毛。蒴果卵圆形，长约10mm。花果期7—8月。

生境： 生于山坡草丛，海拔1000m左右。

伏尔加蝇子草 *Silene wolgensis* (Willd.) Bess. ex Spreng.

形态特征：二年生草本，高50~90cm。根粗壮，木质。茎单生或疏丛生，下部被粗长毛，上部无毛，有时具黏液。下部叶片匙形，基部渐狭呈长柄状，两面被短柔毛；上部茎生叶线状披针形。假轮伞状圆锥花序；花梗纤细，无毛；苞片三角状披针形，膜质；花萼钟形，无毛，萼齿宽三角形，边缘膜质；花瓣白色，线状匙形，长约5mm，瓣片全缘；花丝无毛。蒴果椭圆形，微长于宿存萼；种子肾形，暗褐色。花果期6—8月。

生境：生于草甸、荒漠草原、草坡、稀疏草原、丛林、山谷及河岸边草地，海拔1100~1400m。

四裂女娄菜 *Melandrium quadrilobum* (Turcz. ex Kar. et Kir.) Schischk.

形态特征：二年生或多年生植物，被短腺毛。茎不多或单一，直立，高30~70cm。茎上部叶较小无柄；基生叶和茎下部叶披针状匙形。向基部渐狭，长3~8cm，宽2cm。花序长，为总状圆锥花序；花萼圆柱状棍棒形，长11~17mm，被腺毛；花冠白色，花瓣深4裂，中裂片在上端膨胀，且沿檐面有锯齿，爪有缘毛；花丝具缘毛，具副花冠，长0.2mm。蒴果长圆状卵圆形。花果期6—8月。

生境：生于山坡阴处，海拔1000m左右。

异株女娄菜 *Melandrium album* (Mill.) Garcke

形态特征：一年生或二年生草本，高60~90cm。茎下部被短柔毛，上部被软腺毛。下部叶椭圆形；上部叶长圆状披针形或披针形，密被短柔毛。花单性，雌雄异株，在茎顶形成分枝多的大型花序；茎被腺黏毛及开展的柔毛，萼齿三角状披针形，边缘具腺黏毛；雄花的萼筒状钟形，具10条脉；雌花的萼广卵形，具20条脉。雄花具10枚雄蕊；雌花子房具5枚花柱。蒴果卵球形，10齿裂。种子肾形，灰黑色，表面密被疣状突起。花期6—7月，果期7—8月。

生境：生于山地、沟渠旁、空闲地，海拔1000m左右。

绢毛石头花 *Gypsophila sericea* (Ser.) Krylov

形态特征：多年生草本，全株被绢毛。茎多数平铺，在基部生根，分枝，长20~30cm。叶线状披针形，下部稍钝，上部尖锐，宽1.5~3.5mm。花单生枝端或上部叶腋；花梗被腺状毛，长1.4~2cm；花萼宽钟状，裂达中部，萼齿渐尖；花瓣内部白色，外部淡紫色；子房具14~16个胚珠，蒴果宽卵形，长4~5mm。种子肾形，长1.5mm，黑色，具有尖锐瘤状突起。花果期6—8月。

生境：生于山地针叶林带阳坡，海拔2400m左右。

荒漠石头花 *Gypsophila desertorum* (Bge.) Fenzl

形态特征：多年生草本，高达15cm，全株被褐色腺毛。根深褐色。茎密丛生，叶近轮生，钻状线形，质硬，叶腋常生不育短枝，二歧聚伞花序。花梗长0.3~1.2cm；苞片卵状披针形或披针形；花萼钟形，萼齿裂达中部，卵形；花瓣白色，具淡紫色脉纹，倒卵状楔形，长约6mm，先端微凹；雄蕊稍短于花瓣。蒴果卵圆形，长约4mm。种子肾形，具弯曲皱纹。花期5—7月，果期8月。

生境：生于荒漠草原、砾质干草原，海拔1400~1500m。

紫萼石头花 *Gypsophila patrinii* Ser.

形态特征：多年生草本，高达60cm，全株无毛。叶线形，长1.5~4cm，宽1~3mm，基部短鞘状。聚伞花序顶生，花少。花梗纤细，长0.5~2cm；苞片披针形或三角形，长2~3mm；花萼钟形，长2~3mm，裂片卵形，疏生缘毛，萼脉宽，绿或带紫色，脉间膜质，淡紫色；花瓣倒卵形，紫红色，先端微凹；雄蕊短于花瓣；花柱长约3.5mm。蒴果卵圆形，顶端4裂。种子扁圆肾形，平滑，脊具小疣。花果期6—8月。

生境：生于沙地、砾石戈壁、石质山坡及山坡草地，海拔950~1600m。

直立膜萼花 *Petrorhagia alpina* (Hablitz) P. W. Ball et Heywood

形态特征：一年生草本，高10~40cm。茎单生或由基部分枝。无毛。叶条形，长约3.5cm，宽2~2.5mm，急尖，茎基部叶近互生，成密集的莲座状。花小，成稀疏的圆锥状聚伞花序；花梗长10~12mm；花萼钟状；花瓣5，白色，倒卵状矩圆形，稍长于花萼；雄蕊10，花丝扁线形，短于花瓣。蒴果卵状矩圆形，顶端4齿裂。种子甚小，扁平，淡褐色，有小颗粒。花期5—6月，果期7—8月。

生境：生于干旱山坡，有时也生于林下，海拔1200~2100m。

刺叶 *Acanthophyllum pungens* (Bge.) Bioss.

形态特征：多年生草本，高15~35cm，主根粗壮。茎丛生，直立，基部分枝，被短茸毛。叶片锥状针形，被稀疏短茸毛。伞房花序或头状花序顶生；花梗极短；苞片叶状，被毛；花萼筒状，被白色短柔毛，纵脉5条，萼齿宽三棱形，长约1mm，顶端锥刺状；花瓣红色或淡红色，椭圆状倒披针形，瓣片顶端圆钝；雄蕊明显外露，花丝无毛；子房具4颗胚珠；花柱明显外露。花果期6—8月。

生境：生于石质山坡、沙丘、固定沙地，海拔约1300m。

繸裂石竹 *Dianthus orientalis* Adams

形态特征：多年生草本，高达40cm。根粗壮，直径达1cm，木质化。茎丛生，基部木质，无毛。基生叶簇生，叶片线形，质硬，顶端具硬尖；茎生叶稍短。花梗长约1.5cm；苞片3~4对，卵形；花萼圆筒形，无毛，裂片披针形；花瓣粉红色，瓣片狭长圆形；花药长圆形；花柱线形。蒴果圆筒形，顶端4裂；种子扁长圆形，长3~4mm，宽约1.5mm，黑褐色，边缘具宽翅。花果期6—8月。
生境：生于石质山阳坡，海拔900~3000m。

大苞石竹 *Dianthus hoeltzeri* Winkl.

形态特征：多年生草本，高达60cm。根茎绳状。茎单生或丛生，不分枝。叶线状披针形，长4~6cm，宽2~4mm，先端尖。花单生或2~4朵顶生。苞片4，宽卵形，具短凸尖，长为花萼的1/4~1/3；萼筒长2.3~2.5cm，萼齿三角形，具缘毛；花瓣深蔷薇色，长为花萼的1.5~2倍，瓣片边缘深细裂，不裂部分倒卵形或宽卵形。蒴果筒形，顶端4裂，长于宿萼。花期6—7月，果期8月。
生境：生于山坡、荒地、林下，海拔1700~3200m。

裸果木科 Paronychiaceae

治疝草 *Herniaria glabra* L.

形态特征：多年生草本，高5~15cm，全株无毛。茎基部分枝，平铺，叶长圆状椭圆形，长3~5mm，宽2~3mm，先端渐尖，向基部渐狭成短柄，两面无毛；托叶宽卵形，边缘具缘毛。花小，聚集成团伞花序或头状花序，生于叶腋；萼片5，长约1.5mm，卵状长圆形，无毛；花瓣线形，不显著；雄蕊5，内藏；柱头2裂。瘦果卵圆形，包藏于萼内。种子扁圆形，褐色，具光泽。花果期7—9月。

生境：生于湖边、多石山坡、草甸，海拔900~2400m。

毛茛科 Ranunculaceae

驴蹄草 *Caltha palustris* L.

形态特征：多年生草本，全部无毛。肉质须根。茎高20~48cm，实心，具细纵沟。基生叶3~7，有长柄；叶片圆形，基部深心形或基部二裂片互相覆压；叶柄长7~24cm；茎生叶通常向上逐渐变小。茎或分枝顶部由2朵花组成简单的单歧聚伞花序；花梗长2~10cm，萼片5，黄色，倒卵形或狭倒卵形，顶端圆形；雄蕊长4.5~7mm；心皮7~12。蓇葖果长约1cm，具横脉；种子狭卵球形黑色，有光泽。花期5—7月，果期6—7月。

生境：生于溪边及林荫湿处，海拔2500~2900m。

阿尔泰金莲花 *Trollius altaicus* C. A. Mey.

形态特征：多年生草本，植株全体无毛。茎高26~70cm，茎疏生叶3~5，基生叶2~5，有长柄；叶片形状五角形，基部心形，3全裂，全裂片互相覆压，叶柄长7~36cm，基部具狭鞘；下部茎生叶有柄，上部茎生叶无柄。花单独顶生；萼片15~18枚，橙色或黄色，椭圆形或倒卵形；花瓣线形；心皮约16，花柱紫色。聚合蓇葖果具喙，长约1mm；种子椭圆球形，黑色，有不明显纵棱。花果期6—8月。
生境：生于山坡草地及林下，海拔1200~1500m。

白喉乌头 *Aconitum leucostomum* Worosch.

形态特征：多年生草本。根状茎，粗达1.5cm。茎高约1m，几无毛。基生叶1，与茎下部叶具长柄；叶片长9~11cm，宽15~25cm。总状花序狭长，密生伸展的淡黄色短柔毛；下部花梗长2~4cm；小苞片狭条形至丝形；花与高乌头相似；萼片5，蓝紫色，被短柔毛，上萼片圆筒形，高1.1~1.5cm；花瓣2，无毛，有长爪；雄蕊多数；心皮3，无毛。蓇葖果长1~1.7cm。花果期6—8月。
生境：生于林缘草地及林下，海拔1690~1900m。

阿尔泰乌头 *Aconitum smirnovii* Steinb.

形态特征：多年生草本，块根狭倒圆锥形。茎高70~100cm，下部无毛，上部疏被短柔毛，不分枝。叶多数茎生，上部排列较密集；叶片五角形，基部心形；叶柄长达15cm。花序长8~15cm，轴和花梗被开展的短柔毛；花梗长0.7~2cm；萼片蓝紫色，外面疏被短柔毛，上萼片船形，侧萼片圆倒卵形，下萼片长约6mm；花瓣无毛，瓣片长约8mm，唇长约4.5mm；雄蕊无毛；心皮3，背面疏被柔毛。蓇葖果长1~1.3cm；种子狭四面体形，长约3.5mm。花果期7—9月。

生境：生于林间空地及山坡草地，海拔1400~1770m。

拟黄花乌头 *Aconitum anthoroideum* DC.

形态特征：多年生草本，块根。茎高20~100cm，下部几无毛，上部疏被伸展的短柔毛，等距离生叶。茎下部叶有长柄。茎中部叶具短柄；叶片五角形，3全裂；表面疏被弯曲的短柔毛，背面几无毛；叶柄长0.5~2.5cm，几无毛。顶生总状花序，有2~12花；轴和花梗密被淡黄色短柔毛；萼片淡黄色，外面被伸展的短柔毛，上萼片盔形；花瓣无毛，爪顶部膝状弯曲；雄蕊无毛；心皮5，子房密被淡黄色长柔毛。蓇葖果长约1.3cm；种子三棱形，黑褐色。花果期7—8月。

生境：生于山地草坡及灌丛中，海拔1400~1950m。

大花耧斗菜 *Aquilegia glandulosa* Fisch. ex Link.

形态特征：多年生草本。茎高20~50cm，下部无毛，上部被柔毛。基生叶具长柄，二回三出复叶；小叶宽菱形、菱状倒卵形或肾形，长1.5~3cm，3浅裂，疏生圆齿，两面无毛或背面疏被柔毛。花梗长2~8cm；萼片蓝色，卵形，长3~4.5cm；花瓣瓣片蓝色或白色，宽长圆形，末端向内钩曲；雄蕊长0.5~1cm，退化雄蕊长8mm，心皮8~10，子房密被柔毛。蓇葖果长2~3cm。花果期6—8月。

生境：生于针叶林下、草坡、山谷或河边，海拔1000~2700m。

腺毛唐松草 *Thalictrum foetidum* L.

形态特征：多年生草本，根状茎短，须根密集；植株高15~70cm，密被腺毛。三回近羽状复叶，小叶草质，顶生小叶菱状宽卵型或卵型，基部圆楔形或圆形，有时浅心形，3浅裂。圆锥花序有少数或多数花；花梗细；萼片5，淡黄绿色；花药狭长圆形，顶端有短尖，花丝上部狭线形，下部丝形；柱头三角状箭头形。瘦果半倒卵形，扁平，有8条纵肋，柱头宿存。花期6—7月，果期7—8月。

生境：生于山地阳坡草地及灌丛中，海拔1700~3200m。

黄唐松草 *Thalictrum flavum* L.

形态特征：多年生草本，植株全部无毛。茎高约1.5m，等距地生叶。叶为三回羽状复叶；茎中部叶长约30cm，有柄，顶生小叶楔状倒卵形或狭倒卵形；茎上部叶长9~15cm，小叶较狭长，楔形或楔状倒披针形，基部楔形或钝；叶柄鞘有膜质翅。圆锥花序塔形，长约25cm，有多数密集的花；花梗细，长5~10mm；萼片4，狭卵形；雄蕊长约8mm，花药线形，顶端有不明显的小尖头。花期6—7月，果期8月。

生境：生于山地溪边草地，海拔1000m左右。

肾叶白头翁 *Pulsatilla patens* Mill.

形态特征：多年生草本，植株高20~40cm，基部具残存枯叶柄。根状茎圆柱形，粗约0.8mm。基生叶5~7枚，有长柄；叶片肾状五角形，基部宽心形，3全裂；叶柄近等长，有长柔毛。花莛直立，有毛；总苞钟形，密被长柔毛，管部掌状深裂，裂片狭披针形；花梗有长柔毛，果期长达27cm；花直立；萼片蓝紫色，长圆状卵形，外面疏被长柔毛。聚合果直径5cm；瘦果近纺锤形，有柔毛。花果期6—7月。

生境：生于山坡草地，海拔1100m左右。

西伯利亚铁线莲 *Clematis sibirica* Miller

形态特征：木质藤本。茎圆柱形，光滑无毛，当年生枝基部有宿存的鳞片，外层鳞片三角形，革质。叶为二回三出复叶。单花，花梗长5~6cm，花基部有密柔毛，无苞片；花钟状下垂；萼片4枚，黄色或淡黄色；退化雄蕊花瓣状，条形，被短柔毛。瘦果倒卵形，微被毛，宿存花柱长3~3.5mm，有黄色柔毛。花果期6—8月。

生境：生于针叶林下及林缘，海拔1200~2000m。

薄叶美花草 *Callianthemum angustifolium* Witasek

形态特征：多年生草本，植株全体无毛。茎高15~30cm。基生叶2~4，有柄，柄长6~10cm，二回羽状复叶；叶片薄，干时草质，长圆形，羽片3~4对，斜卵形。茎生叶2~3，下部的茎生叶似基生叶，上部的茎生叶，掌状裂。花直径2.5~3cm，单生于茎顶或分枝顶端；萼片5，椭圆形；花瓣约11，白色，倒卵状长圆形，顶端圆形。瘦果卵球形，长约2mm。花果期6—8月。

生境：生于高山草甸，海拔2200m左右。

浮毛茛 *Ranunculus natans* C. A. Mey.

形态特征：多年生水生草本。茎高达30cm，无毛。基生叶3~5，无毛，叶心状五角形，基部心形，3浅裂，中裂片宽倒卵形，不裂或微3裂，侧裂片斜扇形，不裂或不等2裂，叶柄长2.5~11cm；茎生叶似基生叶。花与茎生叶对生，单朵顶生或顶生单歧聚伞花序具2花。花托疏被毛；萼片5，圆卵形；花瓣5，倒卵形；雄蕊多数。瘦果斜倒卵球形，长1.3~1.6mm，无毛。花果期6—8月。
生境：生于河水、湖水中及河边湿地，海拔1800~3200m。

裂叶毛茛 *Ranunculus pedatifidus* Sm.

形态特征：多年生草本。茎高达25cm，疏被白色柔毛。基生叶及下部茎生叶肾状五角形，基部心形，3深裂近基部，中裂片窄楔形，3裂，二回裂片近线形，侧裂片斜扇形，两面疏被柔毛；叶柄长2~4.5cm。花1~2朵生于茎或分枝顶端。花托密被毛；萼片5，宽卵形，长5mm；花瓣5，宽倒卵形，长0.6~1cm；雄蕊多数。瘦果倒卵球形，长1.5~2mm，被毛，稀无毛。花果期6—7月。
生境：生于山地阳坡草地，海拔1800~2900m。

毛托毛茛 *Ranunculus trautvetterianus* Rgl. ex Ovcz.

形态特征：多年生草本。茎直立，高5~12cm，近无毛，基部有多数纤维状枯鞘残存。基生叶多数；叶片圆肾形，3中裂至深裂不达基部；叶柄长2~4cm，无毛。下部叶与基生叶相似，中上部叶3~5深裂；花单生茎顶和分枝顶端；萼片卵形，外面生细毛，边缘膜质；花瓣5，宽椭圆形，基部有短爪，蜜槽呈杯状袋穴，边缘及内侧有纤毛；花药长约1.5mm；花托生短毛。聚合果近球形；瘦果卵球形，喙长约0.4mm。花果期6—8月。

生境：生于河滩草甸及林缘，海拔1500~1800m。

多瓣毛茛 *Anunculus propinquus* C. A. Mey.

形态特征：多年生草本。根状茎短缩，须根，簇生。茎直立，高10~30cm，单一或上部分枝，生稀疏柔毛。基生叶多数；叶片肾状圆形，基部心形，3深裂；叶柄长2~8cm；茎生叶掌状全裂，裂片线形至线状披针形，全缘。花单生或生于分枝顶端；花梗生柔毛；萼片长圆状卵圆形，背面密被柔毛；花瓣通常8枚，倒卵形，顶端圆，蜜槽鳞片卵圆形；花药长1.5~2mm；花托无毛。聚合果卵球形，直径约8mm；瘦果扁平，无毛，喙短，顶端稍弯。花果期6—8月。

生境：生于河边草地，海拔1300m左右。

角果毛茛 *Ceratocephala testiculata* (Crantz) Roth

形态特征：一年生矮小草本，植株高3~10cm，全体有绢状短柔毛。叶基生，3全裂，中裂片线形，侧裂片一至二回细裂或不分裂，末回裂片线形；花小，萼片绿色，5数，外面密被柔毛；花瓣黄色或黄白色，5数，披针形；雄蕊约10枚。聚合果长圆形至圆柱形；瘦果多数，扁卵形，喙与果体近等长，顶端有黄色硬刺。花果期3—5月。

生境：生于荒漠类草地及荒漠草原类草地，海拔900~1500m。

牡丹科 Paeoniaceae

块根芍药 *Paeonia anomala* L.

形态特征：多年生草本，高50~100cm。块根纺锤形或近球形。茎直立，无毛。叶互生，一至二回三出复叶，小叶羽状分裂。花两性，单朵顶生；苞片3，披针形或线状披针形；萼片3，宽卵形，带红色，先端具尖头，宿存；花瓣9，长圆形，紫红色。果密被黄色柔毛，蓇葖果；种子黑色。花果期7—9月。

生境：生于针叶林下、阴坡草地和河谷草原，海拔1400~2200m。

窄叶芍药 *Paeonia hybrida* Pall.

形态特征：多年生草本。块根纺锤形或近球形。茎高40~80cm，无毛。叶为一至二回三出复叶，叶片轮廓宽卵形；小叶呈羽状分裂，裂片狭披针形至线状披针形，两面均无毛。花单生茎顶，直径5~7cm；苞片3，披针形；萼片3，宽卵形，带红色，先端有尖头；花瓣约9，紫红色，长圆形；心皮2~3（4），密被淡黄色柔毛。蓇葖果密被黄色柔毛；种子黑色。花期5—7月，果期6—8月。

生境：生于针叶林下，多见于阴湿山坡和低山草原坡地，海拔1100~2000m。

新疆芍药 *Paeonia sinjiangesis* K. Y. Pan

形态特征：多年生草本。主根垂直，有分枝，分枝圆柱形，直径0.3~1.5cm，茎高80cm，基部具几枚鞘状鳞片。叶为一至二回三出复叶，叶片宽卵形，长7~15cm，宽11~15cm；小叶呈羽状分裂，裂片披针形至狭披针形，顶端渐尖，全缘；叶柄长1~5cm。花单生茎顶，直径5~9cm；苞片3~5，披针形，绿色；萼片5，卵形，淡绿色，有时带红色；花瓣9，红色，倒卵形，被柔毛或无毛。蓇葖果被毛，成熟开裂时柔毛大部分脱落。花果期6—8月。

生境：生于山地阴坡林下，海拔1800~2100m。

小檗科 Berberidaceae

西伯利亚小檗（刺叶小檗）*Berberis sibirica* Pall.

形态特征：落叶灌木，高50~100cm。叶刺3~7分叉，长3~10mm，叶近革质，长圆形，顶端钝圆，边缘具齿状疏锯齿，黄绿色。花单生，少2朵簇生，花梗长7~10mm；萼片黄色，花瓣状，6~7片，2轮排列；花瓣6，倒卵形；雄蕊6，基部常与花瓣相连，花瓣与雄蕊均排列成两轮；雌蕊子房筒状，花柱近无，柱头盘状。果梗长8~10mm，浆果鲜红色，长圆形或倒卵形。种子2粒，长椭圆形，长5~6mm，黑褐色，种脐稍歪向一侧。花期5—6月，果期7—8月。
生境：生于山地及砾石质坡地，海拔1400~1800m。

阿尔泰牡丹草（新牡丹草）*Gymnospermium altaicum* (Pall.) Spach

形态特征：多年生草本，高5~25cm。块根球形。地上茎直立，无毛。茎生叶1，生于茎顶，一回三出复叶，小叶掌状4~5全裂，裂片全缘，先端钝圆；托叶2。总状花序顶生，具花7~9朵，具总梗；苞片阔椭圆形或卵形；花梗细弱，长约1cm；花黄色；萼片6，椭圆形，花瓣状；花瓣6，与萼片对生，黄褐色；雄蕊6，与花瓣对生，长约4mm，花丝纤细，花药瓣裂；雌蕊长约4.5mm，柱头小。花果期4—5月。
生境：生于草原带的河岸及桦木林下，海拔1200m左右。

罂粟科 Papaveraceae

白屈菜 *Chelidonium majus* L.

形态特征：多年生草本，高30~80cm，有黄色乳汁。茎直立，嫩绿色，被白粉。叶互生，一至二回羽状分裂。伞形花序；萼片2，早落；花瓣4，黄色，倒卵圆形，雄蕊多数。蒴果线状圆柱形，成熟时由基部向上开裂。种子多数，卵球形，黄褐色。花果期5—10月。

生境：生于山坡草甸及山谷林缘草地，海拔1100~2000m。

野罂粟 *Papaver nudicaule* L.

形态特征：多年生草本，高20~50cm，于根颈处分枝，丛生。叶基生，被稀疏的糙毛。花蕾长圆形，被黑褐色糙毛；萼片边缘白色膜质；花冠大，直径4~6cm，黄色或橘黄色；雄蕊花丝细，黄色，花药矩形。蒴果长圆形，基部稍细，遍布较短的刺状糙毛。种子小。花果期6—8月。

生境：生于森林带至高山草甸，海拔1800~3200m。

阿山黄堇（阿尔泰黄堇）*Corydalis nobilis* (L.) Pers.

形态特征：多年生草本，高25~60cm，于根颈处分枝，并被枯叶柄。茎具棱槽，叶大，基生叶具长柄，茎生叶片卵形，二回羽状叶。总状花序顶生，果时伸长，每花1苞片，下部者3深裂，向上逐渐呈披针形；花梗短于苞叶，萼片2，膜质；花冠黄色，内侧花瓣顶端紫色，瓣片顶端相连。蒴果长椭圆形，两端急尖，花柱宿存。种子黑色，发亮，扁圆形，种柄宿存。花期5月，果期6月。
生境：生于山区林下或河谷，海拔1900m左右。

十字花科 Brassicaceae

长圆果菘蓝 *Isatis oblongata* DC.

形态特征：二年生草本，高30~80cm。茎直立，无毛。茎下部叶卵状披针形，长2~4cm，宽1~1.5cm，顶端圆形，全缘，无毛；叶柄长1~2cm；茎生叶披针形，长2~8cm，宽3~25mm。总状花序顶生；花瓣黄色。短角果长圆形，长10~15mm，宽2~3mm，顶端短钝尖，两侧渐窄，无毛，中肋显著隆起，有纵条纹；果梗细，顶端增粗。种子长椭圆形，长2~3mm，黑棕色。花果期5—7月。
生境：生于草原带及荒漠草原带的山坡，海拔900~2500m。

菥蓂 *Thlaspi arvense* L.

形态特征：一年生草本，高18~41cm；全株无毛。茎单一，直立，上部常分枝。基生叶有柄，柄长1~3cm；茎生叶长圆状披针形，长3~5cm。总状花序顶生。萼片直立，卵形，长约2mm，先端钝圆；花瓣白色，长圆状倒卵形，长2~4mm，先端圆或微缺。短角果近圆形，长1.2~1.8cm，边缘有宽翅，顶端下凹。种子长约1.5mm，稍扁平，褐色，有同心环纹。花期4—5月，果期5—7月。
生境：生于路旁、沟边及山坡草地，海拔900~1200m。

荠 *Capsella bursa-pastoris* (L.) Medic.

形态特征：一年生或二年生草本，高（6）12~46m，无毛、有单毛或分枝毛。基生叶多数，倒披针形或长卵状椭圆形，全缘或有疏牙齿；茎生叶条形或披针形，顶端锐尖，基部箭形，抱茎。总状花序，果期可达25cm；萼片长圆形，有宽的膜质边缘；花瓣白色，倒卵形，有短爪。短角果倒三角形，扁压，无毛，花柱长等于凹深。果梗长1~1.2cm。种子多数，长椭圆形，黄褐色。花果期5—7月。
生境：生于草原带山坡及其附近，海拔1000~1200m。

粗果庭荠 *Alyssum dasycarpum* Steph. ex Willd.

形态特征：一年生草本，高8~20cm，被贴伏状星状毛。茎直立或于基部外倾。叶倒卵状长圆形，顶端急尖。花序成密的总状花序，果期伸长；花萼近相等，直立，被长单毛，外轮长圆形，内轮条形；花瓣黄色，长圆状楔形；花丝近相等；子房被细小星状毛。短角果圆形至椭圆形，压扁；花柱宿存，被分叉毛；果梗长约1.5mm。种子卵形，长约1.5mm，略扁压。花果期5—6月。
生境：生于山坡、草地，海拔900~1300m。

庭荠 *Alyssum desertorum* Stapf.

形态特征：一年生草本，高5~15cm。茎直立，不分枝或基部分枝，密被星状毛。叶线状长圆形或线形，先端钝，基部渐窄成楔形，全缘，密被星状毛。总状花序顶生。萼片长圆形，背面被星状毛及分枝毛；花瓣淡黄色，长圆状楔形；长雄蕊花丝基部稍宽。短角果近圆形，无毛，径约3mm；果瓣突起；花柱宿存，每室2种子。种子椭圆形，有窄边，褐色，长约1mm。花果期4—6月。
生境：生于荒漠地带的蒿属荒漠及路边、田野、山坡、砾石滩，海拔1000m左右。

团扇荠 *Berteroa incana* (L.) DC.

形态特征：二年生草本，高20~60（80）cm，被分枝毛。茎不分枝，或于中部、上部分枝。基生叶早枯，茎生叶向上渐小，边缘具不明显的波状齿或齿。花序花时伞房状，果时伸长成总状；萼片直立，长圆形；花瓣白色，长5~8mm，顶端2深裂，爪长为花瓣的1/3。短角果椭圆形，扁平或稍膨胀。种子每室多粒，圆形，黑褐色。花期6—7月，果期7—8月。

生境：生于草原及荒漠地带的山麓下及灌丛中，海拔900~1900m。

库页岛葶苈 *Draba sachalinensis* (Schmidt) Trautv.

形态特征：多年生草本，高（5）10~14cm。有匍匐的根状茎，老根状茎上常有宿存的枯叶柄。不育枝短，长3~4cm，节间长，被3叉毛及少数的分枝毛与单毛。花葶仅基部有叶，被白色单毛。叶椭圆状披针形，背面被稀疏较大的丁字毛。花序花时伞房状，果时总状；花梗长5~7mm，萼片长圆形，内轮略宽于外轮；花瓣黄色，长圆状倒卵形；雄蕊花丝长约2mm，花药矩圆形。短角果椭圆形，微膨胀，中脉清楚。种子椭圆形，黄褐色。花期6—7月，果期7—8月。

生境：生于山地林缘，海拔2100~2700m。

锥果葶苈 *Draba lanceolata* Royle

形态特征：二年生或多年生丛生草本，高达35cm。茎单一或分枝，直立，基部常绿色，有时紫色，密被分枝毛，并杂有少数单毛。基生叶，莲座状，披针形或倒披针形，长1~2cm，宽3~5mm；茎生叶疏生，长卵形；叶均密生星状毛及分枝毛。总状花序，花时伞房状，果时伸长成总状，有10~40花，无苞片。萼片长椭圆形，背面密被单毛及分枝毛；花瓣白色，长3~4mm。短角果长圆状披针形，向上开展；果瓣密被分枝毛和星状毛。种子棕色。花期6—7月，果期7—8月。

生境：生于山地草甸及林缘山坡，海拔1100~2100m。

葶苈 *Draba nemorosa* L.

形态特征：一年生或二年生草本。茎直立，高5~45cm；下部密生单毛、叉状毛和星状毛，上部渐稀至无毛。基生叶长倒卵形，边缘有疏细齿；茎生叶长卵形或卵形，基部楔形或渐圆，边缘有细齿，正面被单毛和叉状毛，背面以星状毛为多。总状花序有花25~90朵，花梗细；萼片椭圆形；花瓣黄色，花期后成白色；雌蕊椭圆形，密生短单毛。短角果长圆形；果梗长8~25mm。种子椭圆形，种皮有小疣。花期5月至6月上旬，果期6—7月。

生境：生于森林带的林缘、灌丛、草地及河谷潮地，海拔1000~2000m。

大叶碎米荠 *Cardamine macrophylla* Willd.

形态特征：多年生草本，高30~70cm，植株无毛。根状茎匍匐延伸，茎圆柱形，表面有沟棱。茎生叶无毛，具柄，1~3cm，小叶3~5对，卵状披针形或椭圆形。花为顶生的总状花序，花时伞房状；花柄长1~1.5cm；萼片条状长椭圆形；花瓣倒披针状卵形，淡红紫色；雄蕊6，花丝扁平；花柱短，柱头扁压的头状。果序果稀疏，果柄长2.5~3cm（果实未成熟）。花果期6—7月。
生境：生于山坡灌木林下、沟边、石隙、高山草坡水湿处，海拔1600~3200m。

欧洲山芥 *Barbarea vulgaris* R. Br.

形态特征：二年生草本，高达70cm；无毛或具疏毛。基生叶和茎下部叶大头羽状分裂，长2~4.5cm，侧裂片2~4对，长椭圆形或线形，基部耳状抱茎，叶柄长2~8cm；茎上部叶宽披针形或长卵形，无柄，基部耳状抱茎。总状花序顶生。萼片宽椭圆形，边缘膜质；花瓣黄色，倒卵形或宽楔形，长4.5~6.5mm。种子暗褐色，椭圆形，具网纹，无膜质边缘；子叶缘倚胚根。花果期4—8月。
生境：生于沟边、河滩、草地、路边等潮湿处，海拔980~2100m。

旗杆芥 *Turritis glabra* L.

形态特征：二年生草本，高30~80cm。茎直立单一，圆柱形，基部密被粗单毛，上部无毛。基生叶长圆形，基部渐狭，两面均被毛；茎生叶无柄，长圆形，长5~12cm，宽1.5~3cm，抱茎，无毛，具白粉。总状花序顶生；萼片宽披针形；花瓣淡黄色，狭长椭圆形，基部具爪。长角果略呈四棱形，压扁，光滑无毛。种子卵圆形或近圆形，压扁，褐色。花期4—5月，果期5—8月。

生境：生于荒漠带、草原带附近及林缘河谷，海拔900~2100m。

离子草 *Chrispora tenella* (Pall.) DC.

形态特征：一年生草本，高达30cm；植株疏生单毛及腺毛。基生叶宽披针形，长3~8cm，具疏齿或羽状分裂；茎生叶披针形，长2~4cm，边缘具数对凹波状浅齿或近全缘。萼片披针形，边缘白色膜质；花瓣淡紫或淡蓝色，长匙形，长0.7~1cm，先端钝圆。长角果圆柱形，长1.5~3cm，稍上弯，顶端喙长1~1.5cm，向上渐尖；果柄长2~5mm。种子褐色，长椭圆形。花果期4—8月。

生境：生于干旱荒地、荒滩、山坡草地、沟边，海拔900~2200m。

涩荠 *Malcolmia africana* (L.) R. Br.

形态特征：二年生草本，高达35cm；密生单毛或叉状硬毛。茎直立，多分枝，有棱。叶长1.5~8cm，宽0.5~1.8cm，先端钝，有小短尖，基部楔形，具波状齿或全缘；叶柄长0.5~1cm或近无柄。总状花序。萼片长圆形，长4~5mm；花瓣紫或粉红色，长0.8~1cm。果序长达20cm；长角果近四棱柱形，长3.5~7cm。种子长圆形，长约1mm，浅棕色。花果期4—8月。

生境：生于荒地及山前盐土草地上，海拔1000~3200m。

北香花芥 *Hesperis sibirica* L.

形态特征：二年生草本，高30~50cm，全株被单毛，花梗常杂有腺毛。茎直立。基生叶花时枝落；下部茎生叶卵状披针形，基部宽楔形，边缘有小牙齿。花序顶生或腋生，花时伞房状，果时伸长成总状；萼片倒卵形，被短单毛，近顶端处有少数长单毛，膜质边缘；花瓣倒卵形，紫红色，具长爪；雄蕊花丝扁，花药绿色，卵状条形，基部叉开。种子长圆形，圆柱状三角形，棕色。花果期6—8月。

生境：生于森林带的林缘、林间空地、草甸，海拔1200~2000m。

山柳菊叶糖芥 *Erysimum hieraciifolium* L.

形态特征：二年生或多年生草本，高30~60（90）cm；茎直立，稍有棱角，具2~4叉毛。基生叶莲座状，椭圆状长圆形至倒披针形，疏生波状齿至近全缘；叶柄长1~1.5cm；茎生叶略似基生叶，近无柄。总状花序有多数花，果期长达40cm；萼片长圆形，长4~6mm；花瓣鲜黄色，倒卵形，长8~12mm。长角果圆筒形，具4棱，具贴生分叉毛；果梗粗，长约1cm；种子长圆形，褐色。花期6—7月，果期7—8月。

生境：生于亚高山草甸、森林带，海拔1700~3200m。

灰毛糖芥 *Erysimum canescens* Roth

形态特征：二年生或多年生草本，高30~80cm，全株密被丁字毛。茎直立。茎上叶较窄，向上渐窄、渐小。总状花序顶生，花时伞房状，果时伸长；花梗长3~6mm；萼片长7~8mm，边缘白色膜质；花瓣黄色，倒卵形或圆形，基部突窄成长爪，有丁字毛。果梗长5~7mm，斜展开；长角果圆筒状四棱形，长5~7cm，粗约1mm，果棱上无毛。种子长圆形，长约2mm，棕色。花果期7—8月。

生境：生于荒漠带、草原带及森林带的山坡，海拔900~1400m。

多型大蒜芥 *Sisymbrium polymorphum* (Murray) Roth

形态特征： 多年生草本，高达70cm。茎直立，分枝，基部常木质化。茎下部叶有柄，叶披针形或窄披针形，长1.5~8cm，深羽裂；茎上部叶线形，长1~5cm，宽1~6mm，全缘。萼片黄色，披针形，长5~6mm，直立；花瓣亮黄色，长6~7.5mm，先端圆，基部楔形。长角果线形，长2.5~3cm；果瓣微凸；果柄长0.7~1cm，斜展。种子每室1行，椭圆形，长约1mm，红棕色。花果期4—8月。

生境： 生于荒漠带、草原带至森林带的阳坡干旱处，海拔900~1600m。

新疆大蒜芥 *Sisymbrium loeselii* L.

形态特征： 一年生草本，高20~100cm，具长单毛，茎上部毛稀疏或近无毛。茎直立。叶羽状深裂至全裂，中部、下部茎生叶顶端裂片较大，三角状长圆形、戟形至长戟形；上部叶顶端裂片向上渐次加长，长圆状条形；叶上有毛或否，有毛以柄上较多。伞房状花序，果期伸长；萼片长圆形，但多在背面具长单毛；花瓣黄色，长圆形至椭圆形。种子椭圆状长圆形，淡橙黄色。花果期5—8月。

生境： 生于荒漠及草原带，海拔900~1500m。

小果亚麻荠（野亚麻荠）*Camelina microcarpa* Andrz.

形态特征：一年生草本，高20~80cm，具单毛，并杂有细分枝毛。茎直立，分枝。基生叶长圆形，长6~10cm，宽1.2~2cm，基部渐窄成柄，边缘有稀疏波状小齿；茎生叶无柄，叶披针形。花序伞房状；萼片披针形，长2~2.5mm，有白边，上部有少数单毛；花瓣淡黄色。短角果倒卵形或倒梨形，略压扁，成熟后易开裂，果瓣中脉明显，顶部不明显，表面有网状脉纹。种子红褐色，长圆形，长1.5~2mm。花期4—5月，果期6—7月。

生境：生于林缘、山地、平原，海拔900米左右。

播娘蒿 *Descurainia sophia* (L.) Webb. ex Prantl

形态特征：一年生草本或多年生草本，高达80cm；被分枝毛，茎下部毛多，向上毛渐少或无毛。叶柄长约2cm，叶长6~19cm，宽4~8cm，三回羽状深裂，小裂片线形或长圆形。萼片窄长圆形，背面具分叉柔毛；花瓣黄色，长圆状倒卵形，基部具爪；雄蕊比花瓣长1/3。长角果圆筒状，无毛，种子间缢缩，开裂；果瓣中脉明显；果柄长1~2cm。种子小而多，稍扁，淡红褐色，有细网纹。花果期4—6月。

生境：生于低海拔的草甸、林缘，海拔900~1500m。

景天科 Crassulaceae

黄花瓦松 *Orostachys spinosa* (L.) Sweet

形态特征： 二年生草本。第一年有莲座丛叶；莲座丛叶长圆形。花茎高10~30cm；叶互生，宽线形至倒披针形。穗状或总状花序顶生，狭长；萼片5，卵状长圆形，有刺状尖头，有红色斑点；花瓣5，黄绿色，卵状披针形，基部1mm处合生；蓇葖果5，椭圆状披针形。种子长圆状卵形。花期7—8月，果期9月。

生境： 生于干旱石质山坡、山顶石缝中，海拔940~2300m。

圆叶八宝（圆叶景天、对叶景天）*Hylotelephium ewersii* (Ledeb.) H. Ohba.

形态特征： 多年生草本。茎高5~25cm。叶对生，宽卵形，先端钝渐尖；叶常有褐色斑点。伞形聚伞花序，花密生；花瓣5，紫红色，卵状披针形，急尖，雄蕊10；鳞片5，卵状长圆形。蓇葖果5，直立，有短喙。种子披针形，褐色。花果期7—8月。

生境： 生于山坡石缝、林下石质坡地、山谷石崖及河沟水边，海拔900~3200m。

白花景天（白花合景天）*Sedum albertii* Regel

形态特征：多年生草本。根有分枝，多数，束生。不育枝小而多，长1~2cm，叶聚生于上端；花茎数个，常生根，上部直立，高8~15cm。叶互生，线形至近长圆形、半圆柱形。花序伞房状，花几无梗；萼片5~6，近卵形；花瓣5~6，白色，基部1~1.5mm合生，长圆形；雄蕊10~12；鳞片5~6，半月形，先端有牙齿；花柱长3mm。蓇葖果种子多数；种子卵形。花期5—6月，果期7—8月。

生境：生于砾石质山坡、山前碎石质荒漠草地、山沟阴坡，海拔930~1700m。

杂交景天（杂交费菜）*Sedum hybridum* L.

形态特征：多年生草本。根状茎蔓生，木质，绳索状。茎外倾，匍匐生根；不育枝短，密生叶；花枝高达30cm。叶互生；叶片匙状椭圆形至倒卵形，边缘有钝锯齿。聚伞花序顶生；萼片5，线形至长圆形；花瓣5，黄色，披针形；雄蕊10。蓇葖果椭圆形，成熟后星芒状开展。种子椭圆形。花期6—7月，果期8—10月。

生境：生于山沟水边、山坡石缝、碎石质草地及山谷阴处，海拔900~2700m。

红景天 *Rhodiola rosea* L.

形态特征：多年生草本。根粗壮，直立。根颈短，顶端被鳞片。花茎高达30cm。叶疏生，长圆形、椭圆状倒披针形，全缘或上部疏生牙齿。花序伞房状，多花密集，长2cm。雌雄异株；萼片4；花瓣4，黄绿色；雄蕊8，较花瓣长；鳞片4，长圆形，上部稍窄。蓇葖果披针形或线状披针形，直立，长6~8mm，喙长1mm。种子披针形，一侧有窄翅。花期4—6月，果期7—9月。

生境：生于山顶石缝、石质山坡、高山草甸及林间空地，海拔1800~3000m。

虎耳草科 Saxifragaceae

厚叶岩白菜 *Bergenia crassifolia* (L.) Fritsch.

形态特征：多年生草本，高15~30cm。根状茎粗壮，具枯残托叶鞘。茎短粗，无分枝。叶基生；圆形、椭圆形；叶柄长3~9cm。聚伞花序圆锥状，长3.5~13cm；花梗长2~5mm；花托杯状，外被疏生近无柄腺毛；萼片5，革质，倒卵形至三角状阔倒卵形，背面疏生近无柄腺毛；花瓣5，紫红色，椭圆形至阔卵形；雄蕊10；花柱2。蒴果，2瓣裂。种子黑色，具棱。花期5—8月，果期6—9月。

生境：生于高山带岩石缝隙、西伯利亚落叶松林下、河谷针叶与阔叶混交林的林缘，海拔1000~2600m。

球茎虎耳草 *Saxifraga sibirica* L.

形态特征：多年生草本，高6.5~25cm，具鳞茎。茎密被腺柔毛。基生叶具长柄，叶片阔卵形至扁圆形，两面和边缘均具腺柔毛；茎生叶阔卵形至扁圆形，5~9浅裂，具腺毛。聚伞花序伞房状，稀单花；花梗纤细，被腺柔毛；萼片直立，3~5脉，腹面无毛，背面和边缘具腺柔毛；花瓣白色，倒卵形至狭倒卵形；雄蕊花丝钻形；2心皮中下部合生；花柱2，柱头小。花果期6—10月。

生境：生于高山岩石缝隙、山地阴坡及山谷灌丛、草地，海拔1500~3200m。

梅花草 *Parnassia palustris* L.

形态特征：多年生草本，高20~50cm。根状茎短粗，其上有残存褐色膜质鳞片。基生叶具柄；叶片卵形至长卵形，基部近心形，全缘，正面深绿色，背面淡绿色；托叶膜质，早落。茎2~4条。花单生于茎顶；萼片具7~9条脉；花瓣白色，全缘；雄蕊5，花丝扁平，花药椭圆形，退化雄蕊5，呈分枝状；花柱极短，柱头4裂。蒴果卵球形；种子多数，有光泽。花期7—9月，果期10月。

生境：生于山坡湿草地、山地草甸、河谷阶地、河漫滩、山溪河边及沼泽地，海拔1000~3100m。

圆叶茶藨子（小叶茶藨）*Ribes heterotrichum* Meyer

形态特征：落叶灌木，高0.8~1.5m，枝皮剥落，小枝褐色或银褐色。叶圆形，掌状3裂，叶片长0.8~3cm，宽0.6~2.5cm，基部楔形或截形，裂片钝或尖，中间裂片多为3齿；两面沿脉及叶缘有纤细白色毛及橘黄色腺体。雌雄异株，总状花序，轴被稀疏短毛；花淡红色，花柱2裂。浆果红色，直径4~6mm，果序长1.5~3cm。花果期6—8月。

生境：生于中山带及亚高山带山谷灌丛、石质阴坡、山地草甸及落叶松林下，海拔950~1700m。

黑果茶藨子 *Ribes nigrum* L.

形态特征：落叶直立灌木，高1~1.3m。小枝无毛，幼枝具柔毛，被黄色腺体。无刺。叶近圆形，基部心形，掌状3~5浅裂，裂片宽三角形，具粗锐齿。花两性；总状花序长3~5（8）cm，下垂，具4~12花；花序轴和花梗具柔毛。花萼浅黄绿或浅粉红色，具柔毛和黄色腺体，萼筒近钟形；花瓣卵圆形；花药具蜜腺；子房疏生柔毛和腺体，花柱顶端2浅裂。果近圆形，熟时黑色，疏生腺体。花期6—7月，果期7—8月。

生境：生于谷底云杉林下、林缘、山谷溪沟岸阴湿坡及亚高山草甸，海拔1300~3200m。

阿尔泰醋栗（刺醋栗）*Ribes aciculare* Sm.

形态特征：落叶小灌木，高0.8~3m。小枝无毛，茎下部的节着生3~7枚轮状排列的针刺，节间具疏密不等针刺。叶近圆形或宽卵圆形，掌状3~5裂，具粗锐齿。花两性；单生叶腋。花梗稀具疏腺毛；花萼绿白色、带黄色或粉红色，无毛；萼筒钟状，萼片长圆形；花瓣倒卵形，白色；雄蕊稍长于花瓣；花柱裂至近中部，无毛。果球形，稀具疏腺毛，熟时红色。花期5—6月，果期7—8月。

生境：生于山地灌丛、河谷石质山坡、山地草甸及低山冲沟，海拔1100~3200m。

蔷薇科 Rosaceae

金丝桃叶绣线菊 *Spiraea hypericifolia* L.

形态特征：灌木，高达1.5m。叶长圆形或倒卵状披针形，长1.5~2cm，全缘或在不孕枝叶先端具2~3钝齿，两面无毛，基部具不显著3脉或羽状脉；叶柄长1~4mm，无毛。伞形花序无花序梗，具5~11花，基部有数枚簇生小叶。花萼无毛，萼片三角形；花瓣近圆形或倒卵形，长2~3mm，白色；雄蕊20；花盘有10个裂片。蓇葖果直立开张，无毛。花期5—6月，果期6—9月。

生境：生于干旱山坡及草原荒漠地区，海拔1000~2100m。

石蚕叶绣线菊（大叶绣线菊）*Spiraea chamaedryfolia* L.

形态特征： 灌木，高1~1.5m；小枝细弱，稍有棱角，幼时无毛。叶片宽卵形，基部圆形或宽楔形，边缘有锯齿；叶柄长4~7mm。花序伞形总状，有花5~12朵；花梗长4~8mm；花直径6~9mm；花萼外面无毛，萼筒广钟状，内面具短柔毛；萼片卵状三角形，内面疏生短柔毛；花瓣宽卵形或近圆形，白色；雄蕊35~50，长于花瓣；花盘为微波状圆环形；子房在腹部微具短柔毛，花柱短于雄蕊。蓇葖果直立，具伏生短柔毛。花期5—6月，果期7—9月。

生境： 生于山坡杂木林内及林间隙地，海拔950m左右。

少花栒子 *Cotoneaster oliganthus* Pojark.

形态特征： 灌木，高达1m。小枝深褐色，幼时密被绿灰色茸毛，后脱落无毛。叶片椭圆形或卵圆形，正面鲜绿色，被疏毛或无毛，背面被绿灰色柔毛，先端圆钝，基部宽楔形或圆形；叶柄具茸毛。短聚伞花序，有花2~4朵；花梗长2~5mm，被毛；花小，直径7~8mm；萼筒外被疏柔毛，萼片宽三角形，边缘带紫色并具睫毛；花瓣粉红色；花柱2，稀3，离生。果球形或椭圆形，红色，直径5~8mm，具2核，腹面扁平。花期5—6月，果期8—9月。

生境： 生于石质坡地、谷地灌丛及林缘，海拔1000~2100m。

库页悬钩子 *Rubus sachalinensis* Lévl

形态特征：灌木或矮小灌木，高0.3~1m；枝紫褐色，小枝色较浅，具柔毛，老时脱落，被较密直立针刺，并混生腺毛。小叶常3（5）枚；叶柄长2~5cm，顶生小叶柄长1~2cm，侧生小叶几无柄，均具柔毛、针刺或腺毛；托叶线形。花5~9朵成伞房状花序；苞片小，线形；花直径约1cm；花萼外面密被短柔毛，具针刺和腺毛；萼片三角披针形，长约1cm；花瓣舌状或匙形，白色；花柱基部和子房具茸毛。果实卵球形，红色。花期6—8月，果期8—9月。

生境：生于山坡潮湿地密林下、稀疏杂木林内、林缘、林间草地或干沟石缝、谷底石堆中，海拔1000~2000m。

紫萼路边青（紫萼水杨梅）*Geum rivale* L.

形态特征：多年生草本，茎高达70cm，疏被长柔毛或微硬毛。基生叶为大头羽状复叶，两面绿色，散生糙伏毛；茎生叶单叶，3裂；托叶草质，绿色，卵状椭圆形。花序疏散，有2~4花，常下垂。花径2~2.5cm；花梗密被黄色短柔毛；萼片卵状三角形；花瓣黄色，有紫褐色条纹；花柱顶生，丝状。瘦果被黄色长柔毛，宿存花柱在上部扭曲处脱落。花期6—7月，果期8—9月。

生境：生于河边草甸及谷地灌丛，海拔1400~2200m。

小叶金露梅 *Dasiphora parvifolia* (Fisch. ex Lehm.) Juz.

形态特征：灌木，高0.2~1m。小枝灰或灰褐色，幼时被灰白色柔毛或绢毛。羽状复叶，有（3）5~7小叶；小叶小，披针形、带状披针形或倒卵状披针形，长0.7~1cm；托叶全缘，外面被疏柔毛。单花或数朵，顶生。花梗被灰白色柔毛或绢状柔毛；花径1~1.2（2.2）cm；萼片卵形，外面被绢状柔毛或疏柔毛；花瓣黄色，宽倒卵形；花柱近基生。瘦果被毛。花期6—8月，果期8—10月。

生境：生于碎石坡地、山地草原及谷地灌丛，海拔1100~1800m。

二裂委陵菜 *Potentilla bifurca* L.

形态特征：多年生草本，高5~15cm。茎直立或铺散，密被长柔毛或微硬毛。奇数羽状复叶，有小叶3~6对，全缘或先端2裂，两面被疏柔毛或背面有较密的伏贴毛；下部叶托叶膜质，褐色，被毛，上部茎生叶托叶草质，绿色，卵状椭圆形，常全缘稀有齿。聚伞花序；花直径0.7~1cm；萼片卵圆形，顶端急尖，副萼片卵圆形，比萼片短或近等长，外面被疏毛；花瓣黄色，倒卵形，顶端圆钝，比萼片稍长；花柱侧生，棒状，柱头扩大。瘦果表面光滑。花期5—7月，果期7—8月。

生境：生于干旱草原、碎石山坡、河滩地及平原荒地，海拔1100~3100m。

鹅绒委陵菜（蕨麻）*Potentilla anserina* L.

形态特征：多年生草本。茎匍匐，在节处生根，节间长5~75cm，被疏毛或无毛。基生叶多数，为不整齐的羽状复叶，有小叶5~11对，在叶片间混杂有极小叶片。小叶椭圆形、倒卵形或长圆形，长1~3cm，宽0.5~1cm，基部阔楔形，边缘有缺刻状锯齿，正面绿色，被疏柔毛或脱落无毛，背面密被紧贴银白色绢毛，茎生叶与基生叶相似，基生叶托叶膜质，褐色，和叶柄合生成鞘状。花单生叶腋；花梗长4~8cm，被疏柔毛；花直径1.5~2cm；花萼被绢毛及柔毛，萼片三角状卵形，顶端渐尖，与副萼片等长或稍短；花瓣黄色，倒卵形，顶端圆形，比萼片长1倍；花柱侧生，柱头稍扩大。花果期5—9月。
生境：生于谷地草甸、溪旁及山地草原，海拔1700~3100m。

绢毛委陵菜 *Potentilla sericea* L.

形态特征：多年生草本。花茎直立或上升，高达20cm，被开展白色绢毛或长柔毛。基生叶为羽状复叶，有3~6对小叶，小叶长圆形，羽状深裂，裂片呈篦齿状排列，正面贴生绢毛；茎生叶1~2；基生叶托叶膜质，茎生叶托叶草质，卵形。聚伞花序疏散；花梗长1~2cm，密被柔毛；萼片三角状卵形，先端急尖，副萼片披针形，先端圆钝，稍短于萼片，稀近等长；花瓣黄色，倒卵形，先端微凹；花柱近顶生，花柱基部膨大。瘦果长圆状卵圆形，有皱纹。花果期6—9月。
生境：生于山地草原及河滩地，海拔1800m左右。

腺毛委陵菜 *Potentilla longifolia* Willd. ex Schlecht.

形态特征：多年生草本。花茎直立或微上升，高20~60cm，被柔毛及腺体。基生叶羽状复叶，有小叶4~5对，最上面1~3对小叶基部下延与叶轴汇合，小叶长圆状披针形或倒披针形，背面被短柔毛及腺体，沿脉疏生长柔毛；基生叶托叶膜质，茎生叶托叶草质。伞房花序集生于花茎顶端，少花。花梗短；萼片三角状披针形，外面密被短柔毛及腺体；花瓣宽倒卵形，先端微凹，与萼片近等长，果时直立增大；花柱近顶生，圆锥形。瘦果近肾形，光滑。花果期6—9月。

生境：生于山坡草地、高山灌丛、林缘及疏林下，海拔960~2600m。

星毛委陵菜 *Potentilla acaulis* L.

形态特征：多年生草本，高2~10cm，植株灰绿色。多分枝。花茎密被星状毛及开展微硬毛。基生叶掌状3出复叶；小叶片倒卵椭圆形；茎生叶1~3，小叶与基生小叶相似；基生叶托叶膜质，茎生叶托叶草质。顶生花1~2或2~5朵成聚伞花序，密被星状毛及疏柔毛；萼片三角卵形，顶端急尖，副萼片椭圆形，顶端圆钝稀2裂，外面密被星状毛及疏柔毛；花瓣黄色、倒卵形；花柱近顶生，基部有乳头，柱头稍微扩大。瘦果近肾形，有不明显脉纹。花果期4—8月。

生境：生于碎石草坡、溪旁草甸及林缘，海拔1300m左右。

地蔷薇 *Chamaerhodos erecta* (L.) Bge.

形态特征：一年生或二年生草本，高10~60cm；全植物有长柔毛和腺毛。茎单生，直立，上部具分枝。基生叶深3裂，每裂片再3~5深裂成小裂片，小裂片再次分裂成条形细裂片；茎生叶和基生叶相似，有短叶柄或近于无柄；托叶3深裂。圆锥花序有多花；花粉红色或白色，苞片常3裂；无副萼；花萼钟形或梨形，裂片卵状披针形；花瓣倒卵形；雄蕊5，与花瓣对生；心皮10~15。瘦果近球形，褐色，平滑无毛。花果期6—8月。

生境：生于石质山坡、干旱草原及河滩地，海拔1400~2200m。

野草莓（森林草莓）*Fragaria vesca* L.

形态特征：多年生草本，高5~30cm。茎被开展柔毛，稀脱落。有3小叶；小叶片倒卵圆形，顶端圆钝，边缘具缺刻状锯齿，疏被短柔毛；叶柄长3~20cm，疏被开展柔毛。花序聚伞状，有花2~4（5）朵，基部具一有柄小叶或为淡绿色钻形苞片，花梗被紧贴柔毛；萼片卵状披针形，顶端尾尖，副萼片窄披针形，花瓣白色，倒卵形。聚合果卵球形，红色；瘦果卵形。花期5月，果期6月。

生境：生于山坡、草地及林下，海拔1400~2200m。

密刺蔷薇（多刺蔷薇）*Rosa spinosissima* L.

形态特征：灌木，高1~1.5m。枝无毛，小枝有直立皮刺并密被针刺。小叶5~11，通常7~9，连叶柄长4~8cm；小叶长圆形；叶轴和叶柄有少数针刺和腺毛；托叶大部贴生叶柄，离生部分全缘或有齿，齿尖常有腺。花单生叶腋或有时2~3朵集生，无苞片；花梗长1.5~3.5cm；萼片披针形，无毛；花瓣白色、粉红色或淡黄色，宽倒卵形；花柱离生，被白色柔毛，比雄蕊短。果近球形，熟时黑或暗褐色；萼片宿存；果柄长达4cm，常有腺。花期5—6月，果期7—8月。

生境：生于山坡、草地、林间灌丛中及河滩，海拔1100~2300m。

刺蔷薇（大叶蔷薇）*Rosa acicularis* Lindl.

形态特征：灌木，高1~2m；有细直皮刺，常密生针刺。小叶3~7，连叶柄长7~14cm；小叶片宽椭圆形或长圆形；叶柄和叶轴有柔毛、腺毛和稀疏皮刺；托叶大部贴生于叶柄。花单生或2~3朵集生，苞片卵形，花梗长2~3.5cm，无毛，密被腺毛；萼筒长椭圆形，光滑；萼片披针形，先端常扩展成叶状，外面有腺毛或稀疏刺毛，内面密被柔毛；花瓣粉红色，芳香，倒卵形，先端微凹，基部宽楔形。果梨形，有明显颈部，红色，有光泽。花期6—7月，果期7—9月。

生境：生于河湾、谷地灌丛及林缘，海拔900~2200m。

阿尔泰羽衣草 *Alchemilla pinguis* Juz.

形态特征：多年生草本，高10~20cm，植株暗绿色。茎略长于根生叶叶柄，较粗，直立，密被向下展的柔毛。基生叶叶片宽肾形或圆肾形，裂片半圆形，边缘具有缺刻状的钝齿，叶片两面几无毛，正面仅沿边缘有散生柔毛，背面沿脉有柔毛；叶柄粗，密被茸毛和向下展的柔毛；托叶具钝齿。聚伞花序疏松，少花；花梗几等于萼筒，无毛；萼筒长，倒圆锥形或倒卵形，无毛；萼片微短于萼筒，副萼片明显短于和窄于萼片。花果期7—8月。

生境：生于谷地草丛及亚高山草甸，海拔1550m左右。

豆科 Fabaceae

新疆百脉根 *Lotus frondosus* (Freyn) Kupr.

形态特征：多年生草本，高10~35cm。茎基部多分枝，中空，节间短，叶茂盛。羽状复叶有小叶5枚；顶端3小叶倒卵形至倒卵状椭圆形，长7~13mm，宽4~6mm；小叶柄短，无毛。伞形花序；总花梗纤细；花1~2（3）朵；苞片3（5）枚，叶状，生于花梗基部，与萼等长；萼钟形，长5~6mm，宽4mm，萼齿丝状，长于萼筒；花冠橙黄色，具红色斑纹，旗瓣阔倒卵形，下延至瓣柄，与翼瓣、龙骨瓣近等长，翼瓣长圆形，具细瓣柄，龙骨瓣卵状三角形，先端呈尖喙状，中部以下弯曲；花柱直，子房线形，胚珠30~35粒。荚果圆柱形。花期5—8月，果期7—10月。

生境：生于湿润的盐碱草滩和沼泽边缘，海拔900~1200m。

网脉胡卢巴 *Trigonella cancellata* Desf.

形态特征：一年生草本，高10~30cm。主根直；多分枝。羽状三出复叶；托叶线状披针形；叶柄比小叶短；小叶倒卵状三角形；顶生小叶有较长小叶柄。花序头状，具花4~7朵；总花梗腋生；苞片锥刺状；花长约5mm；萼筒形；花冠黄色，旗瓣长圆状卵形，比翼瓣和龙骨瓣长；子房线形，被毛，花柱短，扁平，胚珠多数。荚果线状圆柱形，4~5个呈伞形着生总梗顶端，弯曲成弧状半圆形，被白色柔毛，脉纹明显，横向构成波状网眼，先端具钩状尖喙，有种子6~8粒。种子长圆形，褐色，种皮具深褐色斑块状隆起。花果期5—6月。

生境：生于低山、山前荒漠及荒漠草原，海拔1600m以下。

镰荚苜蓿（野苜蓿）*Medicago falcata* L.

形态特征：多年生草本，高40~100cm。茎多分枝，平卧或斜向上升。羽状三出复叶，小叶片倒卵状长圆形，仅上部边缘有锯齿；托叶披针形或条状披针形，基部具齿，很少全缘。总状花序腋生，卵形或头状，稠密；苞片等长或稍短于花柄；花萼钟形，萼齿线状锥形，长于萼筒；花冠黄色，长5.5~7（10）mm。荚果镰状弯曲至直，被柔毛；种子2~9粒。种子卵状长圆形，黄褐色。花果期6—9月。

生境：生于温性草甸草原类、山地草甸类草地，海拔1200~2000m。

紫花苜蓿 *Medicago sativa* L.

形态特征：多年生草本，高0.3~1m。茎直立、丛生以至平卧，四棱形。羽状三出复叶；托叶大，卵状披针形；叶柄比小叶短；小叶长卵形，边缘1/3以上具锯齿。花序总状，具5~10花；花序梗比叶长；苞片线状锥形。花萼钟形，萼齿比萼筒长；花冠淡黄、深蓝或暗紫色，花瓣均具长瓣柄，旗瓣长圆形，明显长于翼瓣和龙骨瓣，龙骨瓣稍短于翼瓣；子房线形，具柔毛，花柱短宽，柱头点状，胚珠多数。荚果螺旋状，紧卷2~6圈。种子卵圆形，平滑。花果期6—9月。

生境：生于山地草甸、草甸草原、山地及平原河谷灌丛草甸中，海拔1000~2500m。

野火球 *Trifolium lupinaster* L.

形态特征：多年生草本，高30~60cm。茎直立或斜升，有分枝。掌状复叶，常具5小叶，小叶倒披针形或长椭圆形，先端稍尖，基部渐狭，边缘具细锯齿，两面密布隆起的侧脉；托叶膜质，鞘状。花序呈头状，萼钟形，花冠淡红色至紫红色。荚果长圆形，种子阔卵形。花果期6—9月。

生境：生于低湿草地、林缘和山坡，是山地草甸类草地的伴生种，海拔1000~2500m。

白车轴草（白花车轴草、白三叶）*Trifolium repens* L.

形态特征：多年生草本，高10~30cm。茎匍匐。掌状三出复叶；小叶片宽椭圆形，基部楔形，边缘有细锯齿，正面具灰绿色"V"形斑。头状花序密集成球形；花冠白色、黄白色或淡粉红色。荚果长圆形，包被于膜质的宿萼内。种子近圆形，褐色。花果期5—9月。

生境：生于温性草原类、温性草甸草原类、山地草甸类草地，海拔1200~2900m。

红车轴草（红花车轴草、红三叶）*Trifolium pratense* L.

形态特征：多年生草本，高30~80cm。茎直立或上升，疏生毛或近无毛。掌状三出复叶，叶面上常有"V"形白斑；托叶近卵形，基部抱茎。花序球状或卵状，顶生。萼钟状，具5齿；花冠紫红色。荚果小，通常含1粒种子。花果期6—8月。

生境：生于山地开阔谷地、水泛地及林缘，海拔1200~2400m。

苦马豆 *Sphaerophysa salsula* (Pall.) DC.

形态特征：半灌木或多年生草本，高达60cm，被白色丁字毛。羽状复叶，有11~21小叶；小叶倒卵形或倒卵状长圆形，长0.5~1.5（2.5）cm，正面几无毛，背面被白色丁字毛。总状花序，有6~16花。花萼钟状，萼齿三角形；花冠初时鲜红色，后变紫红色，旗瓣瓣片近圆形，反折，基部具短瓣柄，翼瓣长约1.2cm，基部具微弯的短柄，龙骨瓣与翼瓣近等长；子房密被白色柔毛，花柱弯曲，内侧疏被纵裂髯毛。荚果椭圆形或卵圆形，膜质，膨胀，疏被白色柔毛。花期5—8月，果期6—9月。

生境：生于山坡、草原、荒地、沙滩及沟渠旁，海拔960~3180m。

树锦鸡儿 *Caragana arborescens* lam.

形态特征：小乔木或大灌木，高2~6m。老枝深灰色，平滑，稍有光泽，小枝有棱。羽状复叶有4~8对小叶；托叶针刺状，长5~10mm；叶轴细瘦，长3~7cm，幼时被柔毛；小叶长圆状倒卵形，先端圆钝，具刺尖。花梗2~5簇生，每梗1花；花萼钟状，萼齿短宽；花冠黄色，长16~20mm，旗瓣菱状宽卵形，具短瓣柄，翼瓣长圆形，较旗瓣稍长，龙骨瓣较旗瓣稍短，瓣柄较瓣片略短，耳钝或略呈三角形；子房无毛或被短柔毛。荚果圆筒形，无毛。花期5—6月，果期8—9月。

生境：生于山地、林间、林缘、河滩、河谷山坡灌丛及丘陵，海拔1500~1900m。

白皮锦鸡儿 *Caragana leucophloea* Pojark.

形态特征：灌木，高1~1.5m。老枝黄白色，有光泽；嫩枝被短柔毛，常带紫红色。假掌状复叶，有小叶2对；托叶在长枝上的硬化成针刺，宿存，在短枝上的脱落；叶轴在长枝上的硬化成针刺，小叶在长枝上的假掌状排列，在短枝上的簇生。花单生或并生；花梗无毛；花萼钟状，萼齿三角形；花冠黄色，旗瓣宽倒卵形，长1.3~1.8cm，具短瓣柄，翼瓣向上渐宽，瓣柄长为瓣片的1/2，耳长约3mm，龙骨瓣与翼瓣近等长，耳不明显；子房无毛。荚果圆筒形，长3~3.5cm，宽5~6mm，内外均无毛。花期5—6月，果期7—8月。

生境：生于干山坡、山前平原、山前荒漠至山地草原灌丛、山前冲积扇、冲积扇荒漠、山谷及戈壁滩，海拔1100~2250m。

北疆锦鸡儿 *Caragana camilloi-schneideri* Kom.

形态特征：灌木，高0.8~2m。老枝粗壮，皮褐色，有突起条棱。托叶针刺硬化，长2~5mm，宿存；叶柄在长枝上的硬化成针刺，宿存，在短枝上的细瘦，脱落；叶假掌状，小叶4，倒卵形至宽披针形，有短刺尖。花梗单生或2个并生，关节在上部；萼筒基部偏斜扩大，萼齿三角形，花冠黄色，旗瓣近圆形或卵圆形，瓣柄长约为瓣片的1/4，翼瓣宽线形，瓣柄长约为瓣片的1/4，翼瓣宽线形，瓣柄长约为瓣片的1/3，耳长约4mm；子房密被柔毛。荚果圆筒形，具斜尖头，被柔毛。花期5—6月，果期7—8月。

生境：生于石质干山坡、山前平原、沟谷、山坡灌丛、山谷向阳坡草地和砾石堆积坡地，海拔1200~3200m。

黄刺条 *Caragana frutex* (L.) C. Koch

形态特征：灌木，高达2m。枝条细长。假掌状复叶有小叶2对；托叶三角形，长1~3mm，脱落或硬化成针刺状宿存；叶轴长0.2~1cm，在长枝上的硬化成针刺，宿存，在短枝上的脱落；小叶倒卵状披针形，长0.6~1cm；花单生或并生；花萼管状钟形，萼齿很短，具刺尖；花冠黄色，长2~2.2cm，旗瓣近圆形，宽约1.6cm，瓣柄长约为瓣片的1/3，翼瓣等长于旗瓣，顶端微凹，瓣柄长为瓣片的1/3，耳长约为瓣柄的1/3，龙骨瓣与翼瓣近等长，耳不明显；子房无毛。荚果圆筒状，长2~3cm，无毛。花期5—6月，果期7月。

生境：生于干旱山坡、草地、山地灌丛、山谷、河岸、林间及山地草甸，海拔1020~2200m。

高山黄芪 *Astragalus alpinus* L.

形态特征：多年生草本。茎直立或上升，高20~50cm，具条棱，被白色柔毛，上部混有黑色柔毛。奇数羽状复叶，具15~23片小叶；托叶草质，离生，三角状披针形。总状花序生7~15花，密集；总花梗腋生；苞片膜质，线状披针形；花萼钟状，被黑色伏贴柔毛，萼齿线形；花冠白色，旗瓣长10~13mm，瓣片长圆状倒卵形，基部具短瓣柄，翼瓣长7~9mm，瓣片长圆形，宽1.5~2mm，基部具短耳，瓣柄长约2mm，龙骨瓣与旗瓣近等长，瓣片宽斧形，先端带紫色，基部具短耳，瓣柄长约3mm；子房狭卵形，密生黑色柔毛，具柄。荚果狭卵形，微弯曲，被黑色伏贴柔毛，先端具短喙；种子肾形。花期6—7月，果期7—8月。

生境：生于林下、林间空地、山坡草地及河漫滩，海拔1000~3200m。

卡通黄芪 *Astragalus schanginianus* Pall.

形态特征：多年生草本。茎短缩，高20~40cm，被开展的白色长柔毛。奇数羽状复叶，具小叶25~35；托叶白色，膜质，基部与叶柄贴生，卵状披针形，背面散生白色长柔毛；小叶卵形或长圆状卵形，基部近圆形，正面无毛，背面及叶缘散生开展的白色长柔毛。总状花序疏；苞片白色，膜质，披针形，背面疏被白色长柔毛；花梗长2~4mm；花萼管状，长10~14mm，被白色长柔毛，萼齿线状披针形，长为萼筒的1/2；花冠黄色。荚果长圆形，膨胀，先端具短喙，果皮革质。种子圆肾形，长约3mm。花期5—6月，果期6—7月。

生境：生于山坡草地、林下及河滩，海拔1100~2500m。

藏新黄芪 *Astragalus tibetanus* Benth. ex Bunge

形态特征：多年生草本。茎上升，高10~35cm，被白色或黑色伏贴毛。羽状复叶有21~41片小叶；托叶中部以下合生，正面散生长毛，边缘具长缘毛，分离部分三角状披针形。短总状花序密集，生5~15花；花萼管状，被稍密的黑色伏毛；花冠蓝紫色，旗瓣倒卵状披针形，先端微凹，中部以下渐狭，无瓣柄，翼瓣先端圆，瓣柄与瓣片等长，龙骨瓣瓣片倒卵状长圆形；子房有短柄，被黑、白两色毛，柄长约1mm。荚果长圆形或线状长圆形，先端和基部均突然收狭，具尖喙和果颈，稍弯，直立，近三棱形，假2室，含4粒种子。种子淡褐黄色，卵状肾形。花期6—8月，果期7—9月。

生境：生于山谷低洼湿地、地埂或山坡草地，海拔1200~3200m。

纹茎黄芪 *Astragalus sulcatus* L.

形态特征：多年生草本，高30~80cm。茎丛生，直立。羽状复叶有15~23片小叶。总状花序具排列稀疏的花；花萼钟状，长2~4mm，被白色或黑色伏贴细毛，萼齿钻状；花冠淡紫色，旗瓣宽倒卵形，长6~9mm，宽4~5mm，翼瓣瓣片狭长圆形，有时微凹，龙骨瓣瓣片半圆形，瓣柄较瓣片短；荚果斜立，线状长圆形，长9~11mm，宽约2mm，腹缝线龙骨状突起，背缝线有沟槽，先端锐尖，膜质，疏生白色或黑白色混生伏贴毛，半假2室或近1室。花期5—6月，果期6—7月。

生境：生于干阳坡、河谷湿地或撂荒地，海拔1150~1600m。

木黄芪 *Astragalus arbuscula* Pall.

形态特征：灌木，高达1.2m。老枝直立，当年生枝粗壮，被黄灰色伏贴丁字毛。羽状复叶，5~13小叶；小叶线形，两面被伏贴丁字毛。总状花序呈头状，有8~20花；苞片卵圆形或披针形，长2~3mm。花萼管状，密被黑白两色混生柔毛，萼齿长为萼筒1/3~1/4；花冠淡紫红色，旗瓣菱形，长1.5~1.9cm，翼瓣长，瓣片长为瓣柄的1.4倍，龙骨瓣短于翼瓣。荚果平展或下垂，线状，劲直，长1.7~3cm，革质，被白和黑色柔毛，假2室。花期4—6月，果期6—7月。

生境：生于山坡及干河床，海拔1150~1600m。

富蕴黄芪 *Astragalus majevskianus* Kryl.

形态特征：亚灌木，高达1m。当年生枝条被白色、黑色伏贴毛或仅被黑毛。羽状复叶，有11~17小叶；小叶窄椭圆形至长圆形，两面或仅背面散生白色丁字毛。总状花序长圆状圆柱形，有密生的花，花下垂；花萼在花后期膨胀为卵球形，长1~1.3cm，密被黑色和少量白色伏贴毛；花冠黄白色，旗瓣倒卵状长圆形，瓣片中部缢缩，翼瓣瓣片先端微凹，龙骨瓣较翼瓣稍短。荚果长圆形，革质，被黑色半开展短毛和少量的白毛。花期7月，果期8月。

生境：生于林缘及石质山坡，海拔970~1700m。

大翼黄芪 *Astragalus macropterus* DC.

形态特征：多年生草本。茎多分枝，高30~90cm，被白色短伏贴柔毛。羽状复叶，有小叶9~15；托叶膜质，线状披针形或披针形；小叶长圆形或长圆状披针形，正面无毛，背面被白色短伏贴柔毛。总状花序生多数花，稀疏；苞片膜质，披针形，连同花序轴被黑色短伏贴柔毛或混生白色毛；花萼钟状，被白色或混生黑色短伏贴柔毛；花冠白色或淡紫色。荚果半卵形或长圆状卵形，长7~9mm，宽约3mm，无毛，近2室；种子5~6粒。种子肾形，长2~2.5mm，褐色。花果期7—8月。

生境：生于高山石质山坡上，海拔1400~3000米。

浅黄芪 *Astragalus dilutus* Bunge

形态特征：多年生低矮草本，高3~10cm。茎地下部分短缩，被白色伏贴毛。羽状复叶有9~13片小叶；小叶椭圆形，先端尖，两面被白色伏贴毛。总状花序卵形或近球形，被白色伏贴毛；花萼初期管状，果期卵状长圆形，被开展的白色、黑色毛，萼齿钻形，长为萼筒的1/3，被较多黑色毛；花冠淡紫色或淡黄色（龙骨瓣带紫色），旗瓣倒卵状长圆形，翼瓣较旗瓣稍短，龙骨瓣瓣片较瓣柄短；子房长圆形，被白色毛。荚果不外露，卵形或披针形，渐尖，腹缝线龙骨状突起，背面微扁，革质、假2室，被白色开展毛。花期6—7月，果期7—8月。

生境：生于砾石山坡、荒漠草原等地，海拔900m左右。

胀萼黄芪 *Astragalus ellipsoideus* Ledeb.

形态特征：多年生草本，高13~20cm。茎极短缩，被银白色绢状毛。羽状复叶有9~21片小叶；小叶椭圆形或倒卵形，两面被银白色伏贴毛。总状花序卵圆形，生8~30朵花；总花梗较叶短；苞片线状披针形；花萼管状，果期卵状膨大，萼齿钻状，长为筒部的1/3~1/2，被黑、白色混生、半开展的短柔毛；花冠黄色；旗瓣长20~24mm；瓣片倒卵状长圆形，翼瓣较旗瓣短，瓣片长圆形，龙骨瓣较翼瓣短。荚果卵状长圆形，革质，假2室，密被白色开展毛。花果期5—6月。

生境：生于山地草原砂质土壤上，海拔900~1200m。

长穗棘豆 *Oxytropis macrobotrys* Bunge

形态特征：多年生草本，高10~15cm。茎直立，被贴伏白色弯曲短柔毛，绿色。羽状复叶，小叶17~25，线状长圆形。总状花序，花后伸长；总花梗与叶等长；苞片线形，略短于萼筒；花萼钟形，被贴伏黑色短柔毛，并混生半开展的白色长柔毛，萼齿线状钻形，与萼筒几等长；花冠蓝紫色，旗瓣长8~10mm，宽6~7mm，瓣片圆卵形，先端圆形，翼瓣长7~8mm，龙骨瓣几与翼瓣等长，喙长2mm。荚果长圆形，直立，先端渐尖，被贴伏黑色短柔毛和白色柔毛。花果期5—7月。

生境：生于山地、砾石质山坡及荒漠草原，海拔1100~1800m。

乌拉尔甘草 *Glycyrrhiza uralensis* Fisth.

形态特征：多年生草本，高40~120cm。外皮红褐色或棕褐色。茎直立，有白色短毛和刺毛状腺体。羽状复叶；小叶7~17，卵形或宽卵形，两面有短毛和腺体。总状花序和刺毛状腺体；花冠蓝紫色。荚果条形，呈镰刀状或环状弯曲，外面密生刺毛状腺体。种子6~8粒，肾形。

生境：生于山坡灌丛、山谷溪边、河滩草地、轻度盐渍化草甸、渠道边，海拔1200~2300m。既是盐化草地的指示植物，又是低地草甸类草地的优势种。

光滑岩黄芪 *Hedysarum splendens* Fisch.

形态特征：多年生草本，高15~45cm。茎缩短，基部木质化。叶簇生；小叶7~9，具短柄，阔卵形，两面被银灰色短柔毛，背面被毛较密。总状花序2~3，花多数，疏散排列；苞片披针形，外被短柔毛；萼钟状，萼齿狭披针形，被柔毛，花冠玫瑰紫色，旗瓣倒阔卵形，长12~15mm，翼瓣长为旗瓣的1/3，龙骨瓣与旗瓣近等长。荚果通常2~3节，节荚近圆形，两侧膨胀，密被柔毛，边缘厚，具一环弯曲的刺。花期6—7月，果期7—8月。

生境：生于山地草原、石质山坡、山沟和灌丛，海拔1000~2400m。

费尔干岩黄芪 *Hedysarum ferganense* Korsh.

形态特征：多年生草本，高8~20cm。茎缩短。奇数羽状复叶，簇生；小叶通常7~11（13）；叶片卵状长圆形或长椭圆形，先端圆形或尖，基部圆楔形被贴伏柔毛。总状花序腋生，超出叶近1倍；苞片披针形，棕褐色，外被短柔毛；花萼短钟状，萼齿披针状钻形；花冠玫瑰紫色，龙骨瓣呈钝角弯曲。荚果2~3节，节荚近圆形，两侧膨胀。花期6—7月，果期8—9月。

生境：生于山地草原、沙砾质山坡和荒漠草原，海拔为1000~2700m。

小叶鹰嘴豆 *Cicer microphyllum* Benth

形态特征： 一年生草本，高15~40cm。茎直立，多分枝，被白色腺毛。叶轴顶端具螺旋状卷须，叶具小叶6~15对，革质，倒卵形，裂片上半部边缘具深锯齿，先端具细尖；花单生于叶腋；萼绿色，深5裂，裂片披针形；花冠大，长约2.4cm，蓝紫色或淡蓝色；荚果椭圆形，密被白色短柔毛。种子椭圆形，成熟后黑色。花果期6—8月。

生境： 生于阳坡草地，河滩砂砾地及山坡砂砾地，海拔1000~3200m。

广布野豌豆 *Vicia cracca* L.

形态特征： 多年生蔓生草本，高40~150cm。根细长，多分枝。茎攀缘或蔓生，有棱，被柔毛。偶数羽状复叶，有卷须；小叶8~24，狭椭圆形或狭披针形；叶轴有淡黄色柔毛；托叶披针形或戟形，有毛。总状花序腋生；萼斜钟形，萼齿5，上面2齿较长，有疏短柔毛；花冠顶端四周被黄色腺毛。荚果矩圆形，褐色，膨胀，两端急尖，具柄；种子3~5粒，黑色。花果期5—9月。

生境： 生于林缘及山坡，是山地草甸类草地的伴生种，海拔1500~2500m。

新疆野豌豆 *Vicia costata* Ledeb.

形态特征： 多年生攀缘草本，高20~80cm。茎斜升或近直立，多分枝，具棱。偶数羽状复叶顶端卷须分支；托叶半箭头形，叶脉两面凸出；小叶3~8对，长圆状披针形或椭圆形。总状花序明显长于叶，微下垂；花萼钟状，被疏柔毛或近无毛，中萼齿近三角形或披针形，较长；花冠黄色、淡黄色或白色，具蓝紫色脉纹。荚果扁线形，先端较宽。种子扁圆形。花果期6—8月。

生境： 生于干旱荒漠、砾石质山坡及沙滩，海拔1050~3200m。

牧地山黧豆 *Lathyrus pratensis* L.

形态特征： 多年生草本，高30~120cm。茎上升、平卧或攀缘。叶具1对小叶；托叶箭形，基部两侧不对称；叶轴末端具卷须；小叶椭圆形、披针形或线状披针形，具平行脉。总状花序腋生；花黄色；花萼钟状，被短柔毛，最下1齿长于萼筒。荚果线形，黑色，具网纹。种子近圆形，黄色或棕色。花期6—8月，果期8—10月。

生境： 生于疏林下、林缘、灌丛、草原及草甸，海拔1100~3000m。

新疆山黧豆 *Lathyrus gmelinii* (Fisch.) Fritsch.

形态特征：多年生草本，高60~150cm，具块根。茎直立。托叶半箭形，长1.5~3cm，宽4~10cm，下面裂片具齿；叶轴末端具针刺；小叶3~4对，卵形至长椭圆形，具羽状脉。腋生总状花序长于叶，有花7~12朵，无毛；花梗长3~5mm；花萼钟状，无毛，长1cm；花杏黄色，旗瓣长2.9cm，瓣片卵形，翼瓣长2.6cm，瓣片倒卵形，龙骨瓣长2.5cm，瓣片长卵形。荚果线形，棕褐色。种子平滑，淡棕。花期5—7月，果期7—8月。

生境：生于林下、山地及溪边阴湿处，海拔1200~2350m。

牻牛儿苗科 Geraniaceae

白花老鹳草 *Geranium albiflorum* Ledeb.

形态特征：多年生草本。茎高15~50cm，直立或斜升，具纵棱，多分枝，下部无毛，上部被柔毛或倒生短伏毛。叶片肾圆形或近圆形，5~7深裂，几达基部，中上部再羽状半裂或浅裂，叶两面均被伏贴毛；基生叶具长柄；托叶黄褐色。聚伞花序顶生，花序轴长1~5cm，通常有花2；花瓣白色，宽倒卵形，顶部具1深缺刻。蒴果长约2.5cm。花果期6—9月。

生境：生于山地、山地草原，海拔1000~2000m。

阿尔泰老鹳草 *Geranium affine* Ledeb.

形态特征：多年生草本，高15~25（100）cm。茎斜升，具纵棱，多分枝，全株密被开展长柔毛。叶对生，扁圆形，掌状7深裂，被疏伏毛。聚伞花序生于茎顶，花序轴长3~5cm，花2；花梗较粗，密被平展的长毛，花梗果期下垂或向侧方弯曲；花瓣白色或淡黄色，长倒卵形；花丝黄色，基部扩大部分有缘毛；花柱合生部分长5mm，分枝长1mm。蒴果长1.5~2cm，上密被腺毛和开展的长毛，后脱落。花果期6—9月。

生境：生于山地草原和高山草甸，海拔1500~3200m。

丘陵老鹳草 *Geranium collinum* Steph. ex Willd.

形态特征：多年生草本。根状茎短，具多数粗根。茎直立或斜升，高15~40（80）cm，具纵棱，被倒向伏毛或开展的长毛。叶肾状圆形或近圆形，掌状5~7深裂，上部叶掌状3~5裂，裂片倒卵形，中上部羽状裂，密被长伏毛。聚伞花序顶生，花序轴长7~13cm，通常具花2，均被倒向白色伏毛或开展柔毛；萼片椭圆形，略带绿色，边缘狭膜质，顶端具芒，背面密被短伏毛；花冠倒卵形。蒴果长1.5~2cm，被短毛。花果期6—9月。

生境：生于平原至中山带，海拔2000~2300m。

芸香科 Rutaceae

新疆白鲜 *Dictamnus angustifolius* G. Don ex Sweet.

形态特征： 多年生草本，高50~100cm。根肉质，淡黄白色。茎直立。叶互生，叶缘有细锯齿，奇数羽状复叶，卵形至卵状披针形。总状花序顶生；萼片狭披针形，绿色，宿存；花瓣5，倒披针形，淡红色或紫红色，花瓣有明显的红紫色条纹。蒴果5室，成熟时5裂，背面密被黑紫色腺点和白柔毛，裂瓣顶端具尖喙。种子黑色，近球形。花期6—7月，果期7—8月。

生境： 生于山地草原和砾石质的灌丛中，海拔980~2000m。

远志科 Polygalaceae

新疆远志 *Polygala hybrida* DC.

形态特征： 多年生草本，高15~40cm，全株被短曲柔毛。叶椭圆形至狭披针形。总状花序顶生；花淡紫红色，长约5mm；萼片宿存，外轮3片甚小，内轮2片花瓣状，花后略增大；花瓣3，中间龙骨瓣背面顶部有撕裂成条的鸡冠状附属物，两侧花瓣矩圆状倒披针形，2/3部分与花丝鞘贴生；雄蕊8，花丝几全部合生成鞘并在下部3/4贴生于龙骨瓣，上端分为二组。蒴果椭圆状倒心形；周围有窄翅；种子2。花期5—7月，果期6—9月。

生境： 生于中山带草原、林缘、林中空地及沟边，海拔1300~2800m。

大戟科 Euphorbiaceae

长根大戟 *Euphorbia pachyrrhiza* Kar. et Kir.

形态特征：多年生草本，高10~30cm。茎自基部极多分枝，略带红紫色。叶互生，椭圆形，先端圆，基部楔形，边缘具不明显的锯齿或呈刺芒状。总苞叶3~4枚，形状同茎生叶；伞幅3~4；苞叶2枚，倒卵状椭圆形，先端圆，基部渐狭，边缘具细齿。花序单生二歧聚伞分枝顶端，常呈淡褐色，基部具柄；总苞阔杯状，边缘4裂；腺体4，椭圆形，褐色。花柱3，分离；柱头微2裂。蒴果球状；被刺状瘤，多呈红褐色；果柄后期明显伸长。花果期6—8月。

生境：生于干旱砾石质山坡和草原，海拔1300~2400m。

乳浆大戟 *Euphorbia esula* L.

形态特征：多年生草本，高30~80cm。根圆柱状，常曲折，褐色。叶线形至卵形；不育枝叶常为松针状；总苞叶3~5枚，与茎生叶同形；伞幅3~5；苞叶2枚，常为肾形。花序单生于二歧分枝的顶端，基部无柄；总苞钟状，边缘5裂，裂片半圆形至三角形，边缘及内侧被毛；腺体4，新月形，褐色。雄花多枚，苞片宽线形，无毛；雌花1枚，子房柄明显伸出总苞之外；花柱3，分离；柱头2裂。蒴果三棱状球形，具3个纵沟；花柱宿存。种子卵球状。花果期4—10月。

生境：生于河边草甸、山地云杉林下，海拔2200m左右。

格麦林大戟 *Euphorbia gmelinii* Steud.

形态特征：多年生草本，高20~40cm。暗绿色，有时被短柔毛呈蓝色。根细，匍匐或斜升。茎少数，下部具脱落的叶痕，仅在上部分枝，具腋生的花序梗，有时具短的不育枝。叶互生，茎下部小，鳞片状，褐色，脱落；向上叶长圆状椭圆形或倒披针形，长1.5~4cm，宽3~12mm，全缘或上部稍有圆状齿，顶端钝或具小尖，基部窄楔形，有短柄，长达5mm；苞叶数片轮生，长圆形或卵形，长5~20mm，宽1.5~7mm，顶端钝或尖；小苞叶2，对生，心形、肾形或卵状菱形，长4~12mm，宽6~15mm，顶端钝或尖，基部微心形或宽楔形。杯状花序顶生，茎端具5~10伞梗的复伞形花序；总苞钟状，直径1.5~2mm，具圆形有缘毛的裂片；腺体4，半月形，褐色，两端具角，角长小于腺体的宽度；花柱3，长1~1.5mm，基部合生，先端2浅裂。蒴果卵形，扁压，长2.5~3mm，直径3~3.5mm，有3深沟，表面略有皱纹。种子卵形，长约2mm，褐色，具斜向凸盘状近无柄的种阜。花果期5—7月。

生境：生于草原冲沟及湿处，海拔900~1300m。

锦葵科 Malvaceae

圆叶锦葵 *Malva pusilla* Smith

形态特征：多年生草本，多分枝而常匐生，高20cm，被粗毛。叶肾形，长1~3cm，宽1~4cm，基部心形，边缘具细圆齿，稀5~7浅裂，正面被疏长柔毛，背面有疏星状柔毛；托叶小，卵状渐尖。花通常3~4朵簇生叶腋，花梗不等长，长2~5cm，疏被星状柔毛；小苞片3，披针形，长约5mm，被星状柔毛；花萼钟形，长5mm左右，被星状柔毛，裂片5，长三角状；花白色至粉红色，长10~12mm，花瓣5，倒心形，雄蕊柱被短柔毛；花柱分枝13~15。果扁圆形，直径5~6mm，分果瓣13~15，无网纹，被短柔毛。种子肾形，形小，直径约1mm。花果期6—8月。

生境：生于庭园、路边、村旁及山谷河岸等处，海拔900~2000m。

新疆花葵 *Lavatera cachemiriana* Cambessedes

形态特征：多年生草本，高1m，被稀疏星状柔毛。叶互生，基生叶近圆形，顶生叶常掌状3~5裂，边缘具圆锯齿。总状花序，顶生或簇生于叶腋；花萼5裂；花冠淡紫红色，5瓣，倒卵形，先端深2裂，密被星状长髯毛。果盘状，20~25个分果瓣肾形，平滑无毛。花果期6—8月。

生境：生于湿生草地或山地阳坡，海拔940~2200m。

藤黄科 Guttiferae

糙枝金丝桃 *Hypericum scabrum* L.

形态特征：多年生草本或半灌木，高20~40cm。茎直立或上升，多分枝，被疣状突起。茎上的叶卵状长圆形或长圆形，分枝上的叶变小，先端钝形且具小尖突，基部宽楔形至近圆形，全缘，坚纸质，正面绿色，背面淡绿色，全面散布淡色腺点。花序为顶生聚伞状伞房花序，极多花密集，直径达6cm；苞片及小苞片狭卵形至长圆形。萼片5，卵状长圆形。花瓣5，黄色，倒卵状长圆形。子房卵珠形，3室；花柱3。蒴果红褐色，具纵腺条纹。种子淡褐色，圆柱形，表面有纵长乳突。花期7月，果期8—9月。

生境：生于干旱多石山坡或砾质坡地上，海拔1100m左右。

贯叶连翘 *Hypericum perforatum* L.

形态特征：多年生草本，高20~60cm。叶无柄，椭圆形，基部近心形，抱茎，全面散布透明腺点。二歧状的聚伞花序；苞片及小苞片条形；花瓣黄色；雄蕊多数，通常3束，花柱3裂。蒴果长圆状卵圆形，背部具腺条而侧面具黄褐色囊状腺体。种子黑褐色，圆柱形，具纵条纹，细蜂窝状。花期7—8月，果期8—9月。

生境：生于荒地、沙质干山坡、草原灌丛、山地河谷、山地林间空地及山地森林阳坡等处，海拔1100~1950m。

堇菜科 Violaceae

阿尔泰堇菜 *Viola altaica* Ker-Gawl.

形态特征：多年生草本，高4~10（17）cm。根颈部节间短缩，地上茎不明显，被多数叶。叶圆状卵形、长卵形或椭圆形，边缘具圆状钝齿；托叶长圆形或卵形，羽状半裂或深裂，顶生裂片较大。花大，长达2cm，通常单一；萼片长圆状披针形；花瓣黄色或蓝紫色，上方花瓣近卵圆形，侧面和下方花瓣基部有紫色条纹，侧瓣里面基部常稍有髯毛，下方花瓣的距稍长于萼片的附属物，末端常向上弯曲。蒴果长圆状卵形，长约8mm。花果期6—8月。

生境：生于高山和亚高山草甸、林缘、林下，海拔2200~3200m。

千屈菜科 Lythraceae

帚枝千屈菜 *Lythrum virgatum* L.

形态特征：多年生小灌木，直立，全株淡绿色，无毛。茎高50~100cm，上部具4棱，多分枝。叶对生，有时上部互生，线状披针形，基部楔形，边缘有时具微小锯齿。花通常2~3朵组成歧伞花序，腋生苞叶内组成顶生的总状花序；萼筒管状钟形，有棱12条，裂片细小，三角形，附属体小，锥形；花瓣紫红色，矩圆形或椭圆形，基部狭，边缘常有不规则的锯齿；雄蕊12；花柱有三型，长短不一。蒴果圆柱形或长球形。花期4—8月，果期7—9月。

生境：生于沼泽、河岸、水池等湿地上，海拔1000m左右。

柳叶菜科 Onagraceae

柳兰 *Chamerion angustifolium* (L.) Holub

形态特征：多年生草本，高40~100cm。茎直立。叶互生，较密集，披针形，具短柄。总状花序顶生，伸长；花大，两性；萼筒稍延伸于子房上，裂片4，紫色；花瓣4，紫红色，倒卵形，顶端钝圆；雄蕊8，4长4短；子房下位，柱头4裂，裂片条形，外面紫色，里面黄色，幼时直立，后反卷；花柱基部有毛，与雄蕊等长，俯状下垂。蒴果圆柱形，密被短柔毛；种子多数。种子顶端具种缨。花期6—8月，果期8—9月。

生境：生于亚高山草甸、山地草原、林缘、山谷低湿地、沼泽及河边，海拔1380~3000m。

沼生柳叶菜 *Epilobium palustre* L.

形态特征： 多年生草本，高15~50cm。茎高达70cm，圆柱状，被曲柔毛。叶对生，近线形或窄披针形。花序密被曲柔毛，有时混生腺毛。花近直立；萼片长圆状披针形，密被曲柔毛与腺毛；花瓣白色、粉红色或玫瑰紫色，倒心形，先端凹缺；子房密被曲柔毛与稀疏的腺毛，花柱无毛，柱头棍棒状，稍伸出外轮花药。蒴果。种子顶端具长喙；种缨灰白色或褐黄色，不易脱落。花期6—8月，果期8—9月。

生境： 生于河岸、河谷、溪旁、草地湿润处，海拔1200~2500m。

天山柳叶菜 *Epilobium tianschanicum* Pavlov

形态特征： 多年生草本，高30~60cm。茎直立，分枝或少分枝，下部疏被短柔毛，向上渐密。茎下部叶对生，上部互生，长圆状卵形或矩圆状椭圆形，长3~7cm，宽1.2~2.4cm，顶端渐尖，基部圆形，边缘有锯齿，两面疏被短曲毛，尤以叶脉处较密集；叶柄长4~5mm。花单生于茎上部的叶腋处，花淡紫红色；花萼4，长约5mm，裂片披针形，长约3mm，被白色的毛；花瓣4，倒宽卵形，长7~10mm，先端2浅裂；雄蕊8，4长4短。蒴果长圆柱形，长4~6cm，被白色短曲毛；果柄极短。种子倒披针形，淡褐色，长约1.2mm，顶端种缨白色。花期7—8月，果期8—9月。

生境： 生于荒漠草原、山地河岸边、低湿地及林缘，海拔1350~1800m。

伞形科 Apiaceae

扁叶刺芹 *Eryngium planum* L.

形态特征：多年生草本，高30~70cm。通常不分枝。基生叶长椭圆状卵形，有粗锯齿，基部心形，叶柄长6~11.5cm。头状花序宽卵形或半球形，生于分枝顶端，长0.8~1.5cm；总苞片线形或披针形，疏生1~2刺毛，先端尖；小总苞片线形或钻形。萼齿卵形；花瓣淡蓝色，膜质，先端内曲。果长椭圆形、卵形或近圆形，长3~3.5mm，径1.5~1.8mm，背腹扁，被白色窄长鳞片；无心皮柄。花果期7—8月。
生境：生于林缘、低山干山坡、荒地、沙丘及河岸阶地上，海拔1400m左右。

金黄柴胡 *Bupleurum aureum* Fisch. ex Hoffm.

形态特征：多年生草本，高达1.2m。茎下部叶有长柄；叶宽卵形或长倒卵形；茎中部以上为近无柄的穿茎叶，叶大提琴状，基部耳形抱茎，先端钝尖；茎顶部叶小，心形抱茎，绿色或黄色。顶生花序径达10cm，总苞片3~5，不等大，卵形；伞辐6~10，小总苞片5（6~7），等大，椭圆形，长于伞形花序，质薄，金黄色。花瓣黄色；花柱较长。果长圆形，深褐色；每棱槽油管3，合生面油管4。花期7—8月，果期8—9月。
生境：生于山坡林缘、灌丛中、林间草地及河边，海拔1000~2500m。

阿尔泰柴胡 *Bupleurum krylovianum* Schischk. ex Kryl.

形态特征： 多年生草本，高20~70cm。茎直立，部分枝略呈“之”字形弯曲。叶近革质，披针形，叶柄的基部略扩展成鞘，茎上部叶明显较小。复伞形花序生于茎枝顶端，伞幅8~15（20），总苞片4~6，披针形；小伞形花序有花15~22，小总苞片5~7，披针形；花瓣黄色，顶端反折处无弯缺，圆形，内折小舌片方形，顶端2浅裂。果实长圆状椭圆形，深棕褐色；果棱明显；棱间槽内油管1，合生面油管2。花期7—8月，果期8—9月。

生境： 生于山坡林下、河谷、山地灌丛中，以及高山岩石缝中，海拔1000~2500m。

葛缕子 *Carum carvi* L.

形态特征： 二年生或多年生草本，高30~70cm。茎直立，中空。基生叶和茎下部叶有长柄，叶柄与叶片近等长，柄的基部扩展成鞘；叶片长圆状披针形，二至三回羽状分裂，末回裂片线形；茎中部和上部叶与基生叶同形，较小。复伞形花序，伞幅5~13，不等长；小伞形花序有花5~15，直径约1cm，花梗不等长，无小总苞片；花杂性；花瓣白色或带淡红色。果实长卵形，成熟后黄褐色；果棱钝，突起；每个棱槽中油管1，合生面油管2。花期6—7月，果期7—8月。

生境： 生于山地草坡、山谷水边、山地草甸、河滩草甸、林缘及路旁等，海拔1200~3200m。

白花苞裂芹 *Schulzia albiflora* (Karelin et Kirilov) Popov

形态特征：多年生草本，高5~20cm。无茎或有短缩的茎，由基部发出多数斜升的枝。基生叶有柄；叶片轮廓长圆形，三回羽状全裂，末回裂片线形或披针状线形，长2~4mm，宽0.5~1cm，无毛，茎和枝上的叶少，与基生叶相似，常有 2 片近对生。伞形花序多数；伞辐10~20，不等长；总苞片多数，二回羽状分裂，末回裂片线形，毛发状；小总苞片与总苞片同形，但较小；萼齿不显；花瓣宽椭圆形，白色，长约1mm。分生果长圆状卵形，长约3mm，棱槽内油管3，合生面8。花期7—8月，果期8—9月。

生境：生于高山带和亚高山带的碎石堆中及高山和亚高山草甸的山坡上，海拔2100~3200m。

岩风 *Libanotis buchtormensis* (Fisch.) DC.

形态特征：多年生亚灌木状草本，高0.2~1m。茎单一或数茎丛生，有棱角状突起的条棱和纵沟。基生叶多数；叶片革质，末回裂片卵形或卵状楔形，全缘或深裂，边缘总苞片少数或无；伞辐30~50，有条棱并有短硬毛；小总苞片10~15，线形，有柔毛；花瓣近圆形，白色，背部有毛。分生果椭圆形，横剖面近半圆形，果棱尖锐突起，密生短粗毛，沿棱密被毛，棱槽内油管1，合生面2。花期7—8月，果期8—9月。

生境：生于向阳的砾石质、石质山坡，以及石隙中，海拔1100~3000m。

碎叶岩风 *Libanotis incana* (Steph.) O. et B. Fedtsch.

形态特征：多年生草本，高60~90cm。根颈粗。茎单一，直立，坚实，密被灰白色短柔毛。基生叶多数；叶片轮廓狭长椭圆形，三回羽状全裂，末回裂片短线形，长1~3cm。伞形花序，花序梗粗壮，灰白色柔毛；伞辐20~35；小伞形花序有花40~50；小总苞片12~15；花瓣倒卵形，顶端小舌片内曲，白色，外部有毛；花柱基圆锥形，花柱弯曲。分生果长圆形，密生短柔毛，果棱线形尖锐突起，侧棱稍宽；每棱槽内油管1，合生面油管2。花期7月，果期8月。

生境：生于阳坡石隙中或石质山坡上，海拔1300~2000m。

异色藁本 *Paraligusticum discolor* (Ledeb.) V. N. Tikhomirov

形态特征：多年生草本，高60~150cm。根茎粗壮，圆柱形；根颈通常木质化，残存有暗褐色的枯叶鞘纤维。茎单一，直立，有细棱槽，中空，在上部分枝，无毛。基生叶有中空的长柄，柄的基部扩展成鞘，叶片卵状三角形，长30~35cm，宽20~25cm，三出式三回羽状全裂，羽片有柄至无柄，末回裂片卵形或卵状披针形，长2~4cm，宽1~1.5cm，正面绿色，沿脉粗糙有短硬毛，基部楔形，边缘具缺刻状大齿，齿端具小尖头；茎生叶向上逐渐简化，叶片较小，有柄至无柄，叶鞘椭圆形至披针形。复伞形花序生于茎枝顶端，直径5~15cm，伞幅20~50，不等长，长3~12cm，粗糙有短毛，花期开展，果期向里靠拢，总苞片5~10，线形，早落；小伞形花序有多数花，花梗不等长，粗糙有短毛，小总苞片多数，线形，长4~6mm；花白色，萼齿小，短三角形，有时沿缘白色膜质，花瓣倒卵形，顶端微凹，具内折的小舌片；花柱基扁平圆锥状，花柱较长，果期向外反折。果实椭圆形或长圆状卵形，长4~5mm，宽2~3mm，无毛，背棱和中棱具窄翅，而侧棱较宽；每个棱槽内油管单一，宽大，合生面油管2，宽大。花期6—7月，果期7—9月。

生境：生于山坡林下、林缘、山地灌丛，以及河谷草甸中，海拔1200~2120m。

鞘山芎 *Conioselinum vaginatum* (Spreng.) Thell.

形态特征：多年生草本，高50~120cm。茎直立。茎中部叶具柄，柄长6~9cm，基部扩大成鞘，叶片轮廓三角状卵形，长16~25cm，宽15~23cm，二至三回三出式羽状全裂；末回羽片长卵形至披针形，边缘羽状深裂；茎上部叶渐简化。复伞形花序顶生和侧生，直径5~10cm；总苞片无，伞辐10~14；小总苞片5~8，线形；花白色；萼齿不明显；花瓣倒卵形，具内折小舌片；花柱基略隆起，花柱2，反曲。分生果（未成熟）背腹略扁，主棱突起；每棱槽内油管2~3，合生面油管4~6。花期7—8月，果期8—9月。

生境：生于山地草甸、林缘、草原山坡、河谷及山地灌丛中，海拔1100~2300m。

荒地阿魏 *Ferula syreitschikowii* K.-Pol.

形态特征：多年生草本，高15~30cm。茎纤细，密被短毛，伞房状分枝，分枝互生。茎生叶菱形，二至三回羽状全裂，末回裂片椭圆形，灰绿色，两面密被短柔毛，枯萎；茎生叶向上显著简化。复伞形花序生于茎枝顶端；直径4~6cm；伞辐6~12，近等长；小伞形花序有花10~25，小总苞片披针形，草质，被密集的白色长柔毛。萼齿三角状披针形；花瓣淡黄色，外面有疏柔毛，在花后期往下反折。花柱基扁圆锥形。分生果背腹扁压。背棱丝状，侧棱狭窄，灰白色；棱槽中有油管1，合生面油管2。花期5月，果期6月。

生境：生于荒地、沙地、水渠边及砾石质干山坡上，海拔1000m左右。

山地阿魏 *Ferula akitschkensis* B. Fedtsch. ex K.-Pol.

形态特征： 多年生草本，高1~1.5m。茎较细，1~2，从中上部向上分枝成圆锥状，下部枝互生，上部枝轮生。基生叶有长柄，叶柄基部有叶鞘；叶片轮廓为宽菱形，三出三回羽状全裂；茎生叶向上简化，枯萎。复伞形花序生于茎枝顶端；总苞片披针形，残存；伞辐10~20（25），近等长；小伞形花序有花8~16，小总苞片5~7，披针形，宿存；萼齿三角形；花瓣黄色，椭圆形，花柱延长，柱头稍增粗。分生果椭圆形，背腹扁压，背部突起，背棱丝状，侧棱呈狭翅状；每棱槽内有油管1，合生面油管2。花期5—6月，果期6—7月。

生境： 生于山谷林下、山坡草地和灌丛中，以及山地荒漠的冲沟边，海拔1200~2100m。

鹿蹄草科 Pyrolaceae

短柱鹿蹄草 *Pyrola minor* L.

形态特征： 多年生常绿小草本，高17~20cm。根状茎细长横生，基部簇生叶4~8片。叶纸质，卵形或宽椭圆形，长2.5~3.5cm，宽2.3~4cm，顶端圆形或钝尖，基部圆形，叶脉可见。花莛上部有1~2个苞片（有时早落）；总状花序有花7~20朵，密生，长2~8cm；苞片条状披针形，长过花梗；萼片三角形或宽卵形，急尖或钝头，长为花瓣的1/3，紧贴花冠；花冠白色或淡蔷薇色，圆球形，花瓣不张开，直径6~7mm；花瓣长约5mm，宽3~3.5mm，内凹；雄蕊直立，围着花柱；花柱直，短于子房，长1~2mm，不伸出于花冠之外，柱头极宽，头状，5浅裂，其下面不具环状加粗。蒴果圆球形，直径7mm，花柱内藏。花期6—7月，果期8—9月。

生境： 生于山地疏林下、林缘、灌丛、河谷及山地草甸草原，海拔1000~2500m。

独丽花（独立花）*Moneses uniflora* (L.) A. Gray

形态特征： 常绿草本状矮小半灌木，高3~17cm；根茎细，线状，横生，有分枝，生不定根及地上茎。叶对生或近轮生于茎基部，薄革质，圆卵形，长1~1.5cm，宽1~2cm，顶端圆钝，基部近圆形至宽楔形，并稍下延于叶柄，边缘有细锯齿；叶柄细，长5~12mm。花莛有狭翅，边缘有细缘毛。花单生于花莛顶端，花冠碟状，下垂，白色；萼片卵圆形，绿色或淡绿白色；花瓣卵形；雄蕊10，花丝细长，无毛；花柱直立，柱头头状，5裂。蒴果近球形，由基部向上5瓣裂。花期6—7月，果期8月。

生境： 生于山地满布苔藓的暗针叶林下，性喜阴湿，海拔1900~3200m。

钝叶单侧花（圆叶单侧花）*Orthilia obtusata* (Turcz.) Hara

形态特征： 多年生常绿草本，高约15cm。地下茎细长横走。茎生叶3~8，椭圆形，基部阔楔形或圆形，边缘有不规则的细圆齿；叶柄长0.5~1cm。花序总状，有花2~11，偏向花轴一侧；花莛细长；花萼5裂；花瓣5，白色，微带绿色，花冠直径约5mm；雄蕊10，约等长或稍长于花瓣；花盘10浅裂；花柱直，柱头明显膨大，5浅裂。蒴果近球形，径约4mm。花期6—7月，果期8—9月。

生境： 生于山地草甸草原、河谷、林缘及灌丛，海拔1700~3200m。

报春花科 Primulaceae

毛黄连花（珍珠菜）*Lysimachia vulgaris* L.

形态特征：多年生草本，全株被短柔毛。茎高60~120cm，直立，钝纵棱形。叶柄长1.5~3mm，叶通常3枚轮生，卵形或卵状披针形，全缘，正面几无毛，散生黑褐色腺点，背面被柔毛。聚伞花序顶生，组成圆锥状花序；花萼长3~5mm，萼齿披针形或卵状披针形，被短睫毛；花冠亮黄色，5深裂，花冠裂片卵形或椭圆形，先端钝，在花冠内表面被短腺毛；雄蕊等长，连同雌蕊花柱其长均为花冠的1/2，花丝被腺毛。蒴果直径达4mm，圆球形或卵球形，5瓣裂。花果期6—7月。
生境：生于山地草原至高山草甸、林缘、灌丛、河谷、沼泽渠边、河岸草丛、灌木林下、河漫滩及芦苇丛中，海拔1340~2900m。

海乳草 *Lysimachia maritima* (L.) Galasso，Banfi et Soldano

形态特征：多年生草本，茎高3~25cm，直立或下部匍伏，节间短，通常有分枝。叶近于无柄，交互对生或有时互生，上部叶肉质，线形、线状长圆形或近匙形，全缘。花单生于茎中上部叶腋；花梗有时极短，不明显；花萼钟形，白色或粉红色，花冠状，长约4mm，分裂达中部，裂片倒卵状长圆形；雄蕊5，稍短于花萼。蒴果卵状球形，先端稍尖，略呈喙状。花期6月，果期7—8月。
生境：生于平原荒漠、潮湿草地，海拔900m左右。

假报春 *Cortusa matthioli* L.

形态特征：多年生草本。高20~25（40）cm。叶基生，轮廓近圆形，长3.5~8cm，宽4~8（9）cm，基部深心形，边缘掌状浅裂，裂片三角状半圆形，边缘具不整齐的钝圆或稍锐尖牙齿，正面深绿色，背面淡灰色，被柔毛；叶柄长为叶片的2~3倍，被柔毛。花莛直立，通常高出叶丛1倍；伞形花序5~8（10）花；苞片狭楔形；花梗纤细，不等长；花萼长4.5~5mm，分裂略超过中部，裂片披针形，锐尖；花冠漏斗状钟形，紫红色，长8~10cm，分裂略超过中部，裂片长圆形，先端钝；雄蕊着生于花冠基部，花药长达3.5mm，纵裂，先端具小尖头；花柱长达8mm，伸出花冠外。蒴果圆筒形，长于宿存花萼。花期5—7月，果期7—8月。

生境：生于高山和亚高山草甸、山谷阳坡草地、山坡石缝、林缘、林间空地及河滩灌丛下，海拔1200~3200m。

丝状点地梅 *Androsace filiformis* Retz.

形态特征：一年生草本。主根不发达，具多数纤维状须根。叶丛莲座状；叶椭圆形至长圆状卵形，边缘具稀疏小牙齿。花莛通常1至数个自叶丛中抽出，无毛或在上部被稀疏的小腺毛；伞形花序多花；苞片线状披针形；花萼杯状，分裂至近中部，萼齿三角形，先端锐尖；花冠白色，花冠裂片长圆形。蒴果近球形，果皮近膜质，白色。种子多数。花期5月，果期6月。

生境：生于山谷草地、林缘、河边、山坡石缝及河谷，海拔1100~1900m

北方点地梅 *Androsace septentrionalis* L.

形态特征：一年生草本。主根直而细长，具少数侧根。叶丛莲座状，叶倒披针形或长圆状披针形，正面被短柔毛，背面近无毛。花莛直立，高（3）8~20（30）cm，被分叉的短柔毛；伞形花序多花；苞片小，线状披针形至钻形；花梗被短腺毛和短柔毛；花萼钟状，明显具5纵棱，萼齿狭三角形，先端锐尖，几无毛；花冠白色，喉部淡黄色，冠筒短于花萼。蒴果近球形，稍长于花萼。种子多数，棕色，表面具蜂窝状的皱纹。花期5—6月，果期6—7月。

生境：生于高山、亚高山草原、山坡草地及碎石质坡地，海拔1300~3200m。

大苞点地梅 *Androsace maxima* L.

形态特征：一年生草本，高5~15cm。叶丛莲座状；叶片狭倒卵形、椭圆形或倒披针形，稍肉质。花莛2~4个，直立；伞形花序多花，被柔毛和小腺毛；苞片大，椭圆形或长圆状倒卵形；花萼杯状，果期增大，分裂可达全长的2/5或2/3，疏被柔毛和小腺毛，萼齿三角状披针形，稍肉质，果期黄褐色；花冠白色或淡粉红色。蒴果近球形，稍短于花萼或与花萼近等长。花期5—6月，果期7—8月。

生境：生于高山亚高山草原、森林草甸、山坡林缘，洪积平原、山前沟口、林间空地、山坡荒地及河漫滩，海拔900~3200m。

寒地报春 *Primula algida* Adam

形态特征：多年生草本。叶丛高1.5~5（7）cm；叶柄不明显；叶倒卵状长圆形或倒披针形，连柄长1.5~5（7）cm，基部渐窄，具小牙齿，背面被黄或白色粉。花莛高3~20cm，果期长达35cm，伞形花序近头状，3~12花；苞片线形或线状披针形，长0.3~1.1cm，花后反折，花梗长1.5~3mm，果期长达1.5cm花萼钟状，长0.6~0.8（1）cm，具5棱，分裂达全长1/3~1/2；裂片长圆形或披针形，带紫色；花冠蓝紫，稀白色，冠筒长0.6~1cm，冠檐径0.8~1.5cm，裂片倒卵形，先端2深裂。蒴果长圆形，稍长于花萼。花期5—6月，果期7—8月。

生境：生于山地草甸草原、河谷，海拔1800~2000m。

准噶尔报春 *Primula nivalis* var. *farinosa* Schrenk

形态特征：多年生草本。植物体高大。植株被白粉。根状茎粗短，具多数粗长的须根。叶椭圆状长圆形或宽披针形，长4~12（17）cm，宽1.5~4（6）cm，先端钝或尖。花莛高15~25（30~40）cm，较粗壮，直径2~7mm，通常比叶长约1倍；伞形花序多花，1~2轮，直径6~7cm；苞片线形或狭披针形，黑色或暗紫红色，被细粉；花梗与苞片近等长，密被白粉；花萼筒状，暗紫红色或黑色。蒴果长圆柱状，黄褐色，先端浅裂，裂齿先端尖。花期6—7月，果期7—8月。

生境：生于高山草甸、河谷、林下、林缘，海拔2000~3200m。

白花丹科 Plumbaginaceae

驼舌草 *Goniolimon speciosum* (L.) Boiss.

形态特征：多年生草本，高50cm。叶质硬，叶柄宽，具绿色边带，叶倒卵形、长圆状倒卵形至阔披针形，连叶柄长2.5~6cm，先端短渐尖或尖，基部渐窄。花序伞房状或圆锥状；花序轴下部圆，上部二至三（稀四）回分枝；穗状花序具密集2列2~9（11）枚小穗，小穗具2~4花；外苞长7~8mm，覆瓦状。萼长（6）7~8mm，萼檐裂片无牙齿，脉暗紫色，有时黄褐色，不达萼檐中部；花冠紫红色。花期6—7月，果期7—8月。

生境：生于针叶林阳坡、山地草原及干旱山坡，海拔1800~2800m。

龙胆科 Gentianaceae

新疆龙胆（卡氏龙胆）*Gentiana prostrata* var. *karelinii* (Grisebach) Kusnezow

形态特征：一年生或二年生草本，高3~6cm。茎黄绿色，光滑，下部多分枝，枝铺散，斜升。叶外反，匙形或卵圆状匙形，先端圆形或钝圆，两面光滑，叶柄边缘具短睫毛；基生叶小，花期枯萎，宿存；茎生叶疏离。花数朵，单生于小枝顶端；花梗黄绿色，光滑；花萼筒状；花冠上部蓝色或蓝紫色，下部黄绿色。雄蕊着生于冠筒上部。蒴果狭矩圆形；种子褐色，有光泽，椭圆形，表面具细网纹，无翅。花果期7—9月。

生境：生于亚高山至高山草甸，海拔2100~3100m。

扁蕾 *Gentianopsis barbata* (Froel.) Ma

形态特征：一年生或二年生直立草本，高（10）20~40（60）cm。根细长圆锥形，稍分枝，茎具4纵棱，光滑无毛，有分枝，节部膨大。基生叶匙形或条状倒披针形，长1~2cm，宽2~5mm，早枯落；茎生叶对生，条形，长2~6（10）cm，宽1.5~4（10）mm，先端渐尖，基部2对生叶几相连，全缘，先端钝尖，下部1条主脉明显突起；单花顶生，直立，花梗长5~12cm；花萼管状钟形，具4棱，萼管长12~20mm，内对萼裂片披针形，先端钝尖，与萼筒等长，外对萼裂片条状披针形，比内对裂片长；花冠管状钟形，长3~5cm，裂片短圆形，蓝色或蓝紫色，边缘有细条裂，无褶，蜜腺4，着生于冠管近基部，近球形而下垂。蒴果狭矩圆形，长2~3cm，具柄，2裂。种子椭圆形，长约1mm，棕褐色，密被小瘤状突起。花果期7—9月。

生境：生于山地草原至高山草甸草原，是温性草原类、温性草甸草原类、山地草甸类草地的伴生种，海拔1500~2500m。

旋花科 Convolvulaceae

银灰旋花 *Convolvulus ammannii* Desr.

形态特征：多年生草本。根状茎短，茎少数或多数，高2~10（15）cm，平卧或上升，枝和叶密被贴生银灰色绢毛。叶互生，线形或狭披针形，无柄。花单生枝端，具细花梗，长0.5~7cm；萼片5，密被贴生银色毛；花冠小，漏斗状，长8~15mm，淡玫瑰色或白色带紫色条纹，有毛，5浅裂；雄蕊5；雌蕊无毛，较雄蕊稍长。蒴果球形，2裂。种子2~3粒，卵圆形，光滑，具喙，淡褐红色。花果期6—8月。

生境：生于山地草原及旱山坡草地或路旁，海拔1200m左右。

田旋花 *Convolvulus arvensis* L.

形态特征：多年生草本。根状茎横走，茎平卧或缠绕，有条纹及棱角，无毛或上部被疏柔毛。叶卵状长圆形至披针形，长1.5~5cm，宽1~3cm，先端钝或具小短尖头，基部戟形、箭形或心形，全缘或3裂。叶柄较叶片短，长1~2cm；叶脉羽状，基部掌状。花序腋生；苞片2，线形；萼片有毛，2个外萼片稍短，长圆状椭圆形，内萼片近圆形；花冠宽漏斗形，白色或粉红色，5浅裂。种子4，卵圆形，无毛，暗褐色或黑色。花果期6—8月。

生境：生于低地草甸类草地及低山带河谷，海拔1000m左右。

花荵科 Polemoniaceae

花荵 *Polemonium caeruleum* L.

形态特征：多年生草本，高40~70cm。根匍匐，圆柱状，多纤维状须根。茎单一直立，基生叶有长柄；茎生叶互生，奇数羽状复叶，小叶11~21，卵状披针形，全缘。圆锥花序顶生；萼钟状，5裂；花冠5裂，蓝紫色；雄蕊5；雌蕊柱头3裂，蒴果宽卵形，长约5mm。花果期6—8月。

生境：生于山地草原、山地草甸，是温性草甸草原类、山地草甸类草地的伴生种，海拔1700~2600m。

紫草科 Boraginaceae

小花紫草 *Lithospermum officinale* L.

形态特征： 多年生草本。茎直立，高可达1m，有短糙伏毛，上部通常多分枝。叶无柄，披针形至卵状披针形。花序生茎和枝上部，苞片与叶同形而较小；花萼裂片线形；花冠白色或淡黄绿色，喉部具5个附属物，附属物短梯形。小坚果乳白色或带黄褐色，卵球形，腹面中线凹陷成纵沟。花果期6—8月。

生境： 生于山地草原、林缘及灌丛，海拔1300~1700m。

田紫草 *Lithospermum arvense* L.

形态特征： 一年生草本，高达35cm。根含紫色素。茎常分枝，被短糙伏毛。叶倒披针形或线形，两面被短糙伏毛。聚伞花序生于枝上部，花稀疏；苞片与叶同形较小。花具短梗；花萼裂片线形，两面被毛；花冠高脚碟状，白色，稀蓝色或淡蓝色，喉部无附属物，冠筒具5纵褶；雄蕊生于花冠筒下部；花柱长1.5~2mm。小坚果三角状卵球形，长约3mm，灰褐色，具疣状突起。花果期4—8月。

生境： 生于丘陵、低山草坡及田边，海拔1200m左右。

硬萼软紫草 *Arnebia decumbens* (Vent.) Coss. et Kral.

形态特征：一年生草本。根含少量紫色物质。茎直立，高15~30cm，有伸展的长硬毛；枝互生或近对生。茎生叶无柄，线状长圆形至线状披针形。花萼裂片线形，果期基部扩展并硬化，包围小坚果；花冠黄色，筒状钟形，外面有短柔毛，裂片宽卵形，近等大；雄蕊5，螺旋状着生花冠筒上部；子房4裂，花柱丝状。小坚果三角状卵形，褐色，密生疣状突起。花果期5—6月。

生境：生于低山带山坡、沙地及荒地，海拔1000m左右。

黄花软紫草 *Arnebia guttata* Bge.

形态特征：多年生草本，高10~25cm，根含紫色素，茎直立，密被长硬毛和短伏毛。叶无柄，匙状线形，长1.5~5.5cm，宽3~11mm，两面密生白色长硬毛，先端钝。镰状聚伞花序，长3~10cm，含多数花；苞片叶状；花冠黄色，筒状钟形，子房4深裂，花柱纤细，先端浅2裂。小坚果宽卵形，褐色。花期6—7月，果期8—9月。

生境：生于前山荒漠及砾石质山坡，海拔1000~3000m。

黄花滇紫草 *Onosma gmelinii* Ledeb.

形态特征：半灌木状草本，高25~40cm，植株灰白色，被开展的硬毛及向下贴伏的伏毛。基生叶具长柄，倒披针形，长10~20cm，宽5~10mm，先端钝，上下密生硬毛及短伏毛；茎生叶披针形，无柄。花序单生茎顶，花多数，密集；苞片披针形，密生开展的硬毛及短伏毛；花梗短；花萼裂片线状披针形；花冠黄色，筒状钟形；花药基部结合，花丝钻形；花柱内藏，无毛。花期5—6月，果期6—7月。

生境：生于山地草原带的干旱多石山坡，海拔1000~1500m。

假狼紫草 *Nonea caspica* (Willd.) G. Don.

形态特征：一年生草本，高达25cm。茎常基部分枝，分枝斜升或外倾，被开展硬毛、短伏毛及腺毛。叶无柄，两面被糙伏毛及稀疏长硬毛，基生叶及茎下部叶线状倒披针形。花序长达15cm，被毛。花萼裂片三角状披针形；花冠紫红色，裂片卵形或近圆形；雄蕊生于花冠筒中部稍上，内藏；花柱柱头近球形，2浅裂。小坚果肾形，黑褐色。种子肾形，灰褐色。花果期4—6月。

生境：生于前山带山坡、洪积扇及河谷阶地，海拔1000m左右。

高山勿忘草 *Myosotis alpestris* F. W. Schmidt.

形态特征：多年生草本。茎直立，高20~45cm，疏生开展的糙毛，有时被卷毛。基生叶和茎下部有柄，狭倒披针形，长圆状披针形或线状披针形，长达8cm，宽5~12mm，两面被糙伏毛；茎中部以上叶无柄。花序在花期短，花后伸长无苞片；花梗较粗，在果期直立，密生短伏毛；花萼果期增大，裂片披针形，密被伸展或具钩的毛；花冠蓝色，筒部长约2.5mm，裂片5，近圆形，喉部附属物5。小坚果卵形，长约2mm，宽1mm，暗褐色，平滑，有光泽。花果期6—8月。

生境：生于山地草甸、林缘、疏林及河谷，海拔1500~3200m，为广布种。

长毛齿缘草 *Eritrichium villosum* (Ledeb.) Bge.

形态特征：多年生草本，高达23cm。茎丛生，直立，被柔毛。基生叶莲座状，倒披针形或长圆形，长1~1.5cm，两面被长柔毛，无柄；茎生叶窄披针形或长圆形。聚伞花序顶生，果期呈总状；具苞片。花梗长1.5~3mm；花萼裂片线形或窄披针形，被长柔毛；花冠钟状，蓝色或淡紫色；雄蕊生于花冠筒中部，花药长圆形；雌蕊基稍凸出。小坚果近陀螺形，长约2mm，中线稍凸出，边缘具细刺，刺基部连合成窄翅，腹面凸出。花期6—8月，果期7—9月。

生境：生于高山草甸的山坡，海拔2500~3000m。

卵盘鹤虱 *Lappula redowskii* (Hornem.) Greene

形态特征：一年生草本。主根单一，粗壮，圆锥形。茎高达60cm，直立，通常单生，中部以上多分枝，小枝斜升，密被灰色糙毛。茎生叶较密，线形或狭披针形，先端钝，两面有具基盘的长硬毛。花序生于茎或小枝顶端，果期伸长；花梗直立，花后稍伸长；花萼5深裂，裂片线形；花冠蓝紫色至淡蓝色，钟状。果实宽卵形或近球状，长约3mm；小坚果具颗粒状突起，边缘具1行锚状刺，腹面常具皱褶；花柱短，隐藏于小坚果间。花果期6—7月。

生境：生于山地草甸、针叶林阳坡及河谷，海拔1900~2200m。

小果鹤虱 *Lappula microcarpa* (Ledeb.) Gurke

形态特征：一年生或二年生直立草本。茎高25~30cm，被白色糙伏毛。基生叶莲座状，长圆形，先端钝，基部渐狭，果期枯萎；茎生叶线形，常沿中肋纵向对折，两面被灰色硬毛，叶缘具开展的缘毛。花序短，果期伸长；苞片小，线形；果梗直立；花萼5深裂，裂片线形；花冠淡蓝色，钟状。小坚果卵状，背面狭卵形，有颗粒状突起，沿中线龙骨突起上有短的锚状刺，边缘具1行锚状短刺，刺细，小坚果腹面具颗粒状突起，有时其下部具第2行（外行）短刺。花果期5—8月。

生境：生于山地草原、针叶林阳坡及河谷，海拔1500~2500m。

糙草 *Asperugo procumbens* L.

形态特征：一年生蔓生草本，高60cm左右。茎细弱，中空，有5~6条纵棱，攀缘，沿棱有短刺倒钩刺，通常有分枝。下部茎生叶具叶柄，叶片匙形或狭长圆形；中部以上茎生叶无柄，渐小并近于对生。花通常单生叶腋，具短花梗；花萼长约1.6mm，5裂至中部稍下，有短糙毛，裂片线状披针形，稍不等大，花后增大，左右压扁，略呈蚌壳状，边缘具不整齐锯齿；花冠蓝色，喉部附属物疣状。小坚果狭卵形，灰褐色。花期4—5月，果期5—6月。

生境：生于山地草原、草甸、林缘及河谷，为广布种，海拔900~3000m。

绿花琉璃草 *Cynoglossum viridiflorum* Pall. ex Lehm.

形态特征：多年生草本，高达80cm。茎单一，粗壮，有毛，具棱。基生叶长圆状椭圆形或椭圆形，长10~20cm，正面疏被具基盘糙硬毛，背面密被短柔毛；茎生叶长圆形，长10~15cm。聚伞圆锥花序。花梗长3~5mm；花萼长约4mm，被短伏毛，裂片线状长圆形；花冠黄绿色；雄蕊生于花冠筒中部，花丝极短；雌蕊基长约5mm。小坚果宽卵形，长5~7mm，背盘明显，疏被锚状刺，着生面位于腹面中部以上；果柄长达1cm。花期5—6月，果期7—8月。

生境：生于山地草原的灌丛中、阳坡及溪边，海拔900~2000m。

长蕊琉璃草 *Solenanthus circinnatus* Ledeb.

形态特征：多年生草本，根粗壮。茎直立，高达80cm，基部有残存叶柄围成的鞘，疏生短柔毛。基生叶有长叶柄，叶片卵状长圆形，两面疏生短伏毛；茎生叶无柄，狭长圆形至卵形。花序显著呈蝎尾状，多数，腋生，于茎上部再集成圆锥状花序，花序轴、花梗、花萼都密生短柔毛；花无苞片；花萼5裂至近基部，裂片线形，花冠宽筒状，紫红色；花丝伸出于花冠外；子房4裂，花柱长约8mm，外伸，无毛。小坚果卵形，密生锚状刺。花期4—5月，果期6—7月。
生境：生于山地草原及林间草地，海拔1800~3000m。

唇形科 Lamiaceae

水棘针 *Amethystea caerulea* L.

形态特征：一年生草本，高达1m。叶三角形或近卵形，3深裂，裂片窄卵形或披针形，正面被微柔毛或近无毛，背面无毛；叶柄长0.7~2cm，疏被长硬毛。聚伞花序具长梗组成圆锥花序。花萼钟形，具10脉，5脉明显，5齿；花冠蓝色或紫蓝色，冠筒内藏或稍伸出，冠檐二唇形，上唇2裂，下唇3裂，中裂片近圆形；雄蕊4，花时向后伸长，后对为退化雄蕊，花药2室；花柱细长，柱头2浅裂。小坚果倒卵球状三棱形，背面具网状皱纹。花期8—9月，果期9—10月。
生境：生于河岸沙地、水沟及溪边，海拔1200~3200m。

盔状黄芩 *Scutellaria galericulata* L.

形态特征：多年生草本，高达40cm。茎微具槽，沿棱被倒向短柔毛余无毛。具根茎。叶长圆状披针形，长1.5~6cm，先端尖，基部浅心形，具圆齿状锯齿，两面被短柔毛；叶柄长2~7mm。花腋生；花梗长2mm，密被倒向短柔毛；花萼长约3.5mm，密被白色短柔毛；花冠紫色或蓝色，被腺短柔毛，冠筒基部微囊状，上唇半圆形，下唇中裂片三角状卵形，侧裂片长圆形。小坚果黄色三棱状卵球形，被瘤点，腹面中央具脐状突起。花期6—7月，果期7—8月。

生境：生于沟边冲积地，海拔940~1060m。

深裂叶黄芩 *Scutellaria przewalskii* Juz.

形态特征：多年生半灌木；根茎木质。茎多数，高6~22cm，钝四棱形，粗约1.5mm，疏被短而细的茸毛，常呈紫色。叶片轮廓卵圆形或椭圆形，边缘羽状深裂，正面疏被细茸毛，背面密被细茸毛；叶柄背腹扁平，被茸毛。花序总状，苞片近膜质，具明显中脉；花梗扁平，被长柔毛。花冠黄色，或在上唇及下唇侧裂片处带紫；冠筒基部微囊大。雄蕊4；花丝丝状，扁平。花柱扁平细长。子房4裂。小坚果三棱状卵圆形，密被灰白色茸毛。花果期6—8月。

生境：生于中山带山地草原、干旱砂砾质开阔坡地、河岸阶地及干沟等处，海拔1000~2300m。

平原黄芩 *Scutellaria sieversii* Bge.

形态特征： 多年生半灌木；根茎木质，多弯拐。茎多数，高15~30cm，上升或近直立，常曲折，钝四棱形，疏被灰白皱曲状短柔毛，常带紫红色。叶狭三角卵圆形或长圆形，边缘具4~7对近于整齐的缺刻状圆锯齿。花序总状，顶生；苞片卵圆形，被稍密的平展长柔毛；花梗扁平。花萼被长柔毛及具柄腺毛。花冠淡黄色，外被具柄腺毛。雄蕊4，均内藏；花丝扁平，近无毛。花柱细长，扁平，先端锐尖，微裂。花期5—7月，果期6—8月。

生境： 生于河岸、砂地及砾石质山坡地上，海拔1200m左右。

平卧黄芩 *Scutellaria prostrata* Jacq.

形态特征： 多年生草本；根茎木质。茎少数，高约10cm，上升，钝四棱形，疏被微柔毛，上部常带紫色。上部茎叶近于无柄；叶片长卵圆形，先端渐尖，基部楔形，边缘具疏锯齿，两面均绿色。轮伞花序，多数；苞叶宽卵圆形，淡绿色局部带紫色；花柄长约3mm。花萼被短柔毛。花冠长3cm，淡黄色，上唇及下唇两侧裂片顶部紫色；冠筒外被短柔毛，内无毛环；冠檐2唇形，上唇盔状，下唇中裂片近圆形。雄蕊4；花丝丝状，扁平，无毛。花柱纤细，先端锐尖，微裂。花果期6—8月。

生境： 生于低山带及干山坡，海拔1200m左右。

刺齿青兰 *Dracocephalum peregrinum* L.

形态特征： 多年生草本。根粗壮，暗褐色。茎高15~30cm，直立，在基部分枝，四棱形，被倒向的小毛。茎生叶具短柄；叶片卵状披针形或长圆形，长1.5~2.2cm。轮伞花序生于上部叶腋中，具4~6花；苞片椭圆状卵形；花萼为明显的2唇，暗紫红色，被短柔毛及具柄的腺点，萼齿三角状，几乎相同，下唇2裂，萼齿披针形，顶端渐尖成芒状；花冠蓝紫色或紫红色；雄蕊4个；花柱微伸出，顶端2裂。小坚果，黄褐色，三角状卵形。花期6—7月，果期8月。

生境： 生于山地草原及针叶林阳坡，海拔1400~2500m。

垂花青兰 *Dracocephalum nutans* L.

形态特征： 多年生草本。茎高20~60cm，多数，直立，不分枝或有少数分枝，被短柔毛。基生叶和茎下部叶卵形，叶基心形，长1~3cm，宽1~2cm，背面通常紫红色。茎中部叶长椭圆状卵形，叶基截平或不明显心形，边缘具钝锯齿，茎上叶较小。轮伞花序组成长穗状花序；萼片长圆形，暗紫红色，全缘；花冠蓝紫红色，冠檐二唇形；雄蕊4个，后对雄蕊不伸出花冠；花柱微伸出。小坚果。种子暗棕褐色。花期7—8月，果期9月。

生境： 生于山地草原、针叶林阳坡、高山及亚高山草甸，海拔1200~3000m。

铺地青兰 *Dracocephalum origanoides* Steph. et Willd.

形态特征：多年生草本，高2~5cm。茎平铺地面，紫色，多数，密被倒向短柔毛。叶卵形，羽状深裂，正面被短柔毛，背面密被白色短茸毛；裂片3对，宽卵形或长圆形，基裂片具小裂片。轮伞花序生于茎上部叶腋，密集；苞片倒卵状披针形，具3齿，被短柔毛及缘毛。花萼长7~8mm，被短柔毛，具缘毛，上唇3裂近中部，中齿倒卵形，侧齿宽披针形，下唇2深裂至中部，萼齿刺状渐尖；花冠蓝色。小坚果黑色。花期6—7月，果期8月。

生境：生于山地草原、亚高山草甸及针叶林带的阳坡，海拔1700~2500m。

沙穗 *Phlomoides molucelloides* (Bunge) Salmaki

形态特征：多年生草本，高25~30cm；块根状，根颈处有白色长柔毛。茎粗壮，被曲折具腺具节绵状长柔毛。基叶椭圆形，边缘具锐锯齿，正面疏生短而扁平的柔毛，背面密被具节绵状长柔毛，侧脉4~5对，叶柄长3.5~4cm，半圆柱形；茎生叶椭圆形，较小，边缘具圆锯齿；花序上的苞叶菱形或椭圆形。小苞片线形，有纤细具节长柔毛；花梗无。花萼漏斗状。雄蕊4，具蛛丝状毛。花柱2浅裂。小坚果黑色，顶端密被柔毛状须毛。花期6—7月，果期8月。

生境：生于低山带、针叶林带阳坡及砾质砂质戈壁干旱地，海拔1200m左右。

高山糙苏 *Phlomis alpina* Pall.

形态特征： 多年生草本，高20~50cm。茎单生，直立，下部无毛或被短柔毛，上部被向下长柔毛或星状毛。基生叶及下部的茎生叶心形；茎生叶下部的苞叶卵状长圆形，具圆齿，上部的苞叶线状披针形，超过轮伞花序许多，疏被单节茸毛。轮伞花序多花；苞片微弯曲，狭线形；花萼钟形，被短柔毛；花冠粉红色，冠筒无毛，上唇为不整齐的锐牙齿状，下唇具阔圆形中裂片及长圆状圆形的侧裂片；雄蕊具短距状附属物；花柱裂片不等长。小坚果顶端被毛。花果期6—8月。

生境： 生于的亚高山草甸、山地草甸及针叶林阳坡，海拔2500m左右。

草原糙苏 *Phlomoides pratensis* (Kar. et Kir.) Adylov, Kamelin et Makhm.

形态特征： 多年生草本。茎高30~60cm，四棱形，被长柔毛，中部以上被星状毛。基生叶及下部茎生叶心状卵形或卵状长圆形；中部茎生叶圆形，较小，基部浅心形，正面被星状柔毛，背面被星状柔毛及单毛。轮伞花序具短梗或近无梗；苞叶卵状长圆形，苞片线状钻形，被星状柔毛。花萼管形，被单毛及星状柔毛，萼齿具芒尖；花冠紫红色；冠筒下部无毛，上唇具不整齐锯齿，下唇中裂片宽倒卵形，侧裂片卵形；后对花丝基部在，环之上具下弯附属器。小坚果无毛。花果期6—8月。

生境： 生于山地草甸及亚高山草甸，海拔1500~2500m。

短柄野芝麻 *Lamium album* L.

形态特征：多年生草本，高30~50cm。茎四棱，被刚毛。茎下部叶较小，茎上部叶卵圆形或卵圆状长圆形，长2~6cm，宽2~4cm，先端急尖或钝，基部心形，边缘具牙齿状锯齿，被稀疏的短硬毛；叶柄长3.5~5cm，被稀疏的短硬毛；苞叶叶状。轮伞花序5~10个；苞片线形；花萼钟形，基部有时紫红色，具稀疏硬毛；花冠白色或淡黄色。小坚果长卵圆形。花期7—8月，果期9月。

生境：生于山地草甸、亚高山草甸、灌丛及河谷，是广布种，海拔1200~2500m。

绵毛益母草 *Leonurus pseudopanzerioides* Krestovskaya

形态特征：多年生草本，根茎木质。茎直立，高50~100cm，基部干时多少带紫红色，钝四棱形，被贴生微柔毛。茎最下部的叶脱落，茎中部叶轮廓为圆形，5裂，裂片几达叶片基部，其上羽状分裂成线状披针形的小裂片，两面疏被微柔毛及腺点；花序上苞叶狭菱形，裂片全缘或偶有齿。轮伞花序腋生，小苞片刺状。花萼倒圆锥形，5脉，萼齿5，宽三角形。花冠粉红或紫红色。雄蕊4。花柱丝状2浅裂。未成熟小坚果黄褐色，长圆状三棱形，被柔毛。花果期7—8月。

生境：生于山地草甸及亚高山草甸，海拔1200~2500m。

二刺叶兔唇花 *Lagochilus diacanthophyllus* (Pall.) Benth.

形态特征：多年生草本，高5~40cm。茎自基部分枝，密具叶，被柔毛。下部叶具柄，柄长5~10mm，上部叶多数无柄，叶片宽卵圆形，3分裂，正面被刺状毛茸，背面被腺体。轮伞花序约6花；苞片白色，锥状渐尖，边缘具稀疏的具节毛茸。花萼狭管状钟形。花冠淡粉红色，上唇外面被短柔毛，先端短缺，裂片椭圆形，下唇中裂片不深地弯缺，中裂片有两个宽倒卵圆形的小裂片，侧裂片长圆形。小坚果顶端具腺点。花期7—8月，果期9月。

生境：生于山地的干旱砾石质坡地上及平原戈壁中，海拔1000m左右。

芳香新塔花 *Ziziphora clinopodioides* Lam.

形态特征：半灌木，具薄荷香味，高15~40cm。茎直立或斜向上，四棱，紫红色，密生向下弯曲的短柔毛。叶对生，腋间具数量不等的小叶；叶片宽椭圆形、卵圆形或卵状披针形，两面具稀的柔毛，具黄色腺点。花序轮伞状，着生在茎及枝条的顶端，集成球状；苞片小，叶状，边缘具稀疏的睫毛；花萼筒形，外被白色的毛，萼齿5个；花冠紫红色；雄蕊4个，仅前对发育，后对退化，伸出冠外；花柱先端2浅裂，裂片不相等。小坚果卵圆形。花期7月，果期8月。

生境：生于山地草原及砾石质坡地，海拔1000m左右。

小新塔花 *Ziziphora tenuior* L.

形态特征：一年生草本，高5~25cm。茎细长，直立，被倒向短柔毛。叶线状披针形或披针形，先端渐尖，基部渐窄成短柄，全缘，两面无毛或被细糙伏毛，稍被不明显腺点。轮伞花序具2~6花，组成长2~11cm的穗状花序；苞叶具缘毛。花梗长1.5~4mm，花萼管状，长5~7mm，果时基部囊状，被开展硬毛，萼齿卵状三角形；花冠长约1cm，冠筒稍伸出；能育雄蕊2，内藏。花期6月，果期8月。

生境：生于低山砾石质山坡及荒漠草原，海拔1000m左右。

硬尖神香草 *Hyssopus cuspidatus* Boriss.

形态特征：亚灌木，高达60cm；基部多数分枝，无毛或近无毛。叶线形，具长约2mm锥状尖头，边缘被糙伏毛；无柄。轮伞花序具10花，偏向一侧；苞片及小苞片线形。花萼管形，长约1cm，疏被黄色腺点，脉及萼齿被微柔毛；花冠紫色或白色，被微柔毛及黄色腺点，内面无毛，上唇直伸，裂片尖，下唇长中裂片倒心形，先端微缺。小坚果褐色，长圆状三棱形。花期6月，果期8—9月。

生境：生于山地草原、砾石山坡及干旱草地，海拔1000~1500m。

拟百里香 *Thymus proximus* Serg.

形态特征：半灌木。茎匍匐；花枝四棱形或近四棱形，密被下曲的柔毛，高2~8cm，有时分枝。叶椭圆形，稀卵圆形，先端钝，基部渐狭成柄，每边具1~2根睫毛。花序头状或稍伸长，有时在下面具有不发育的轮伞花序；苞叶卵圆形或宽卵圆形，无柄，边缘在基部被少数缘毛；花梗长1~4mm，密被向下弯的柔毛。花萼钟形，下部被疏柔毛，上部无毛。花冠长约7mm，外被短柔毛。雄蕊稍外伸。花柱外伸，先端2浅裂，裂片近相等。花期6—7月，果期8月。

生境：生于山地草原、亚高山草甸的山沟潮湿地及山顶阳坡，海拔2000~2100m。

薄荷 *Mentha canadensis* L.

形态特征：多年生草本，高30~70cm。茎四棱形，被柔毛，由基部多分枝。叶片长圆状披针形至椭圆形，长3~4（7）cm，宽0.5~1.5（3）cm，边缘在基部上具较粗大的牙齿状锯齿，两面均被较密的柔毛。花轮伞花序，腋生，外轮廓球形；花萼管状钟形；花冠淡紫色，冠檐4裂，上裂片先端2裂，较大，其余3裂片近等大；雄蕊4个，前对较长；花柱略超出雄蕊。小坚果卵圆形。花期7月，果期8—9月。

生境：生于湿地及水沟边，海拔900m左右。

假薄荷（亚洲薄荷）*Mentha asiatica* Boriss.-Bekrj.

形态特征： 多年生草本，高达1.2（1.5）m。茎直立，密被细茸毛。叶长圆形、椭圆形或长圆状披针形，长3~8cm，先端尖，基部圆或宽楔形，疏生不整齐浅牙齿，两面带灰绿色，密被短茸毛。轮伞花序组成圆柱形穗状花序，苞片线形或钻形，小苞片钻形。花萼钟形或漏斗形，长1.5~2mm，被平伏短柔毛，萼齿线形；花冠紫红色，长4~5mm，被柔毛，上裂片长圆状卵形，长2mm，先端微缺，余3裂片长约1mm。小坚果褐色，顶端被柔毛。花期7—8月，果期8—9月。
生境： 生于山谷湿地及水沟边，海拔900m左右。

茄科 Solanaceae

天仙子 *Hyoscyamus niger* L.

形态特征： 一年生或二年生草本，高达1m。植株被黏性腺毛。根较粗壮。叶卵状披针形或长圆形，具粗齿或羽状浅裂；茎生叶卵形或三角状卵形。花在茎中下部单生叶腋，在茎上端单生苞状叶腋内组成蝎尾式总状花序；花萼筒状钟形，花后坛状，具纵肋；花冠钟状，长约为花萼的1倍，黄色，肋纹紫堇色；雄蕊稍伸出。蒴果长卵圆形。种子近盘形，淡黄褐色。花期6—8月，果期8—10月。
生境： 生于平原及山区、路旁、村旁、田野及河边沙地，海拔1000m左右。

玄参科 Scrophulariaceae

紫毛蕊花 *Verbascum phoeniceum* L.

形态特征：多年生草本。茎上部有时分枝，高30~100cm，上部具腺毛，下部具较硬的毛。叶几乎全部基生，叶片卵形至矩圆形，边具粗圆齿至浅波状，无毛或有微毛。花序总状，花单生，主轴、苞片、花梗、花萼都有腺毛；花萼裂片椭圆形；花冠紫色；雄蕊5，花丝有紫色绵毛，花药均为肾形。蒴果卵球形，长于宿存的花萼，表面有隆起的网纹。花期5—6月，果期6—8月。

生境：生于山坡草原、山间盆地、荒地及河谷，海拔1500~2000m。

毛蕊花 *Verbascum thapsus* L.

形态特征：二年生草本，高达1.5m，全株被密而厚的浅灰黄色星状毛。基生叶和下部茎生叶倒披针状长圆形，上部茎生叶逐渐缩小而渐变为圆形或卵状长圆形。穗状花序圆柱状，果时可伸长和变粗。花密集，数朵簇生（至少下部如此）；花梗很短；花萼长约7mm，裂片披针形：花冠黄色，径1~2cm；雄蕊5，后方3枚的花丝有毛，前方2枚的花丝无毛，花药基部多少下延成个字形。蒴果卵圆形，约与宿存花萼等长。花期6—8月，果期7—10月。

生境：生于山地草原、河谷、林缘、灌丛及针叶林阳坡，海拔1400~3200m。

野胡麻 *Dodartia orientalis* L.

形态特征： 多年生直立草本，高15~50cm，无毛或幼嫩时疏被柔毛。根粗壮，须根少。茎单一或束生，近基部被棕黄色鳞片，枝伸直，细瘦，扫帚状。叶疏生，茎下部的对生或近对生，上部的常互生，宽条形，全缘或有疏齿。总状花序顶生，伸长，花稀疏；花萼近革质，萼齿宽三角形；花冠紫色或深紫红色；雄蕊花药紫色；花柱伸直，无毛。蒴果圆球形，褐色或暗棕褐色；种子卵形，长0.5~0.7mm，黑色。花果期5—9月。

生境： 生于多沙的山坡，海拔900~1400m。

紫花柳穿鱼 *Linaria bungei* Kuprian.

形态特征： 多年生草本，植株高30~50cm。茎常丛生，中上部常多分枝。叶互生，条形，长2~5cm，宽1.5~3mm。穗状花序，果期伸长；花萼裂片长矩圆形或卵状披针形；花冠紫色，上唇裂片卵状三角形，下唇短于上唇，距长10~15mm，伸直。蒴果近球状。种子盘状，边缘有宽翅，中央光滑。花果期6—8月。

生境： 生于低山带、山地草原、河谷、灌丛及针叶林阳坡，海拔900~2000m。

长距柳穿鱼 *Linaria longicalcarata* Hong

形态特征：多年生草本，株高15~35cm，全株无毛。茎中部以上多分枝。叶互生，长1~4.5cm，宽2~3.5mm。花序花稀疏，有花数朵；苞片披针形；花梗长1~3mm；花萼裂片长，矩圆形或卵形，长2.5~3mm，宽1.2~1.8mm，顶端稍钝至圆钝；花冠鲜黄色，喉部隆起处橙色，长（除距）11~14mm，上唇略超出下唇，裂片顶端钝；距直，长10~20mm。硕果直径5mm。种子盘状，长3mm，中央光滑。花果期6—8月。

生境：生于山地草原及河谷草地，海拔1000~1500m。

羽叶婆婆纳 *Veronica pinnata* L.

形态特征：多年生草本，植株全体被短而向上贴伏的白色曲毛。根木质化。茎多支丛生，直立或稍外倾，高10~40cm。叶互生，狭条形至倒披针形，多少镰刀状弯曲，羽状分裂或仅有锯齿至全部近于全缘，叶腋常有不发育的分枝。总状花序长穗状；花梗与花萼近等长或略过之；花萼长2~2.5mm；花冠浅蓝色、浅紫色，少白色，长5~7mm，筒部占1/3~1/2长，裂片圆钝，后方1枚圆形，其余3枚卵圆形；雄蕊稍伸出。蒴果长宽均2~4mm；种子长1mm。花果期6—8月。

生境：生于山地草原、灌丛及林缘，海拔1500~2000m。

穗花婆婆纳 *Veronica spicata* L.

形态特征：多年生草本，茎单生或数支丛生，直立或上升，高15~50cm，不分枝，下部常密生伸直的白色长毛，少混生黏质腺毛，上部至花序各部密生黏质腺毛。叶对生，长矩圆形；中部的叶为椭圆形至披针形；上部叶边缘具圆齿或锯齿，生黏质腺毛。花序长穗状；花梗极短；花萼长2.5~3.5mm；花冠紫色或蓝色，长6~7mm，筒部占1/3长，裂片稍开展，后方一枚卵状披针形，其余3枚披针形；雄蕊略伸出。幼果球状矩圆形，上半部被多细胞长腺毛。花果期7—9月。

生境：生于山地草原、河谷、灌丛及疏林下，海拔1500~2500m。

直立婆婆纳 *Veronica arvensis* L.

形态特征：一年生小草本。茎直立或上升，高达30cm，有两列白色长柔毛。叶常3~5对，下部叶有短柄，中上部叶无柄，卵形或卵圆形，边缘具圆或钝齿，被硬毛。总状花序长而多花，长达20cm，各部被白色腺毛；苞片下部的长卵形而疏具圆齿至上部的长椭圆形而全缘。花梗极短，花萼长3~4mm；花冠蓝紫或蓝色，裂片圆形或窄长圆形；雄蕊短于花冠。蒴果倒心形，明显侧扁，边缘有腺毛。种子长圆形。花果期4—6月。

生境：生于低山带、河谷、路边及荒野草地，海拔2000m以下。

两裂婆婆纳 *Veronica biloba* L.

形态特征：一年生草本，植株高5~50cm。茎直立，通常中下部分枝，疏生白色柔毛。叶全部对生，有短柄，矩圆形至卵状披针形，边缘有疏而浅的锯齿，各部分疏生白色腺毛；苞片比叶小，披针形至卵状披针形；花梗与苞片等长，花后伸展或弯曲；花萼侧向较浅裂，裂片卵形或卵状披针形，明显3脉；花冠白色、蓝色或紫色，后方裂片圆形，其余3枚卵圆形；花丝短于花冠。蒴果，被腺毛，几乎裂达基部而成两个分果。种子有不明显横皱纹。花果期4—8月。

生境：生于山地草原至亚高山草甸、荒地和山坡，海拔1100~3000m。

长果水苦荬 *Veronica anagalloides* Guss.

形态特征：一年生草本，通常花序轴、花梗、花萼及蒴果多少被腺毛，稀无毛。茎高达50cm，不分枝或基部有分枝。叶无柄，半抱茎，披针形或线状披针形，长2~5cm，近全缘或有尖锯齿。总状花序长可达15cm。花梗长3~7mm，直或上端稍弯曲，与花序轴成60°~70°角；花萼裂片椭圆形，先端急尖，具不明显3条脉，背面常有腺毛，果期紧贴蒴果；花冠径3mm，蓝或淡紫色。蒴果椭圆形或宽椭圆形，顶端稍微凹，超出宿存花萼。种子长约0.7mm。花果期6—8月。

生境：生于水沟、河边及湿地，海拔1500~2900m。

疗齿草 *Odontites vulgaris* Moench

形态特征：一年生草本，植株高20~60cm，全体被贴伏而倒生的白色细硬毛。茎常在中上部分枝。叶无柄，披针形至条状披针形，长1~4.5cm，宽0.3~1cm，边缘疏生锯齿。穗状花序顶生；苞片下部的叶状；花萼长4~7mm，果期多少增大，裂片狭三角形；花冠紫色、紫红色或淡红色，长8~10mm，外被白色柔毛。蒴果长4~7mm，上部被细刚毛。种子椭圆形，长约1.5mm。花果期7—8月。

生境：生于山地草原、河谷、灌丛及林缘，海拔1500~2000m。

膨萼马先蒿 *Pedicularis physocalyx* Bge.

形态特征：多年生草本，高16~20cm，干时不变黑色。根茎短，发出许多细而肉质的须状根。茎单条或具少数分枝，弯曲上升，密被褐色似蛛丝的柔毛。叶多数，基出与茎生，基出者有长柄，柄约为叶片的1/2，亦被褐色之毛，叶片近于无毛或光滑，披针形，羽状深裂，裂片长圆形，缘羽状开裂，小裂片有锯齿。花序长圆形，被柔毛，果时常伸长；苞片具缺刻状齿；萼阔钟形，齿5枚，三角形；花冠黄色，无毛。下唇3裂，具有长柄，无缘毛，稍短于盔，侧裂大于中裂，后者稍稍向前伸出，宽过于长而端平钝；雄蕊花丝两对均无毛。花期5—6月，果期7—8月。

生境：生于山地草原，海拔1100m左右。

准噶尔马先蒿 *Pedicularis songarica* Schrenk in Bull.

形态特征：多年生草本，干时略变黑色。根丛生，达15cm，两端细，中间粗，多少纺锤形而肉质；根颈粗。茎多单条，低矮，低者仅10cm。叶多基生，膜质而黄褐色，披针形，羽状全裂，裂片卵状披针形至线状披针形，缘有羽状浅裂或重锐齿，齿具胼胝质刺尖。花序顶生茎顶，常稠密；苞片发达，下部者长于花；萼狭长，主脉5条，齿5枚，均为三角状狭披针形；花冠黄色，无毛；下唇短于盔，前方两侧突然作耳形膨大而成侧裂；花丝着生花管基部，无毛；花柱略伸出。蒴果披针状长圆形，一面开裂。花期6—7月，果期7—8月。

生境：生于山地草原、河谷、林缘及灌丛，海拔1300~2300m。

甘肃马先蒿 *Pedicularis kansuensis* Maxim.

形态特征：一年生或二年生草本，高达40cm，多毛。茎多条丛生，具4条毛线。基生叶柄较长，有密毛；茎叶4枚轮生；叶长圆形，羽状全裂，裂片约10对，披针形，羽状深裂，小裂片具锯齿。花轮生；下部苞片叶状，上部苞片亚掌状3裂。花萼近球形，膜质，前方不裂，萼齿5，不等大，三角形，有锯齿；花冠紫红色，冠筒近基部膝曲，上唇稍镰状弓曲，额部高凸，具有波状齿的鸡冠状突起，下唇长于上唇，裂片圆形，中裂片较小，基部窄缩；花丝1对有毛。蒴果斜卵形。花果期6—8月。

生境：生于草坡石砾地，海拔1800~3200m。

车前科 Plantaginaceae

盐生车前 *Plantago salsa* Pall.

形态特征：多年生草本，高5~30cm。直根粗长。根茎粗，常有分枝，顶端具叶鞘残基及枯叶。叶簇生呈莲座状，稍肉质，干后硬革质，线形，长7~32cm，边缘全缘，无明显叶柄。穗状花序1至多个，穗轴密生短糙毛；苞片有短缘毛，背面龙骨突厚。萼片有粗短毛；花冠淡黄色，疏生短缘毛；雄蕊与花柱外伸。蒴果圆锥状卵圆形。种子1~2，椭圆形或长卵圆形。花期6—7月，果期7—8月。

生境：生于平原盐化草甸、潮湿盐渍土地及荒漠戈壁，海拔1000~2000m。

茜草科 Rubiaceae

蓬子菜 *Galium verum* L.

形态特征：多年生草本，高达45cm。茎被柔毛或秕糠状毛。叶纸质，6~10片轮生，线形，边缘常卷成管状，正面无毛，背面有柔毛，干后常黑色，1脉；无柄。聚伞花序顶生和腋生，常在枝顶组成圆锥状花序，花序梗密被柔毛。花稠密；花梗有疏柔毛或无毛；萼筒无毛；花冠黄色，辐状，无毛，径约3mm，裂片卵形或长圆形，长约1.5mm。果爿双生，近球状，无毛。花果期6—8月。

生境：生于山地、河滩、沟边、草地、灌丛中或林下，海拔1500~3200m。

中亚拉拉藤 *Galium turkestanicum* Pobed.

形态特征： 多年生草本；根状茎纤细，匍匐，淡红色，茎直立，不分枝或稍分枝，坚实，长30~55cm，无毛，在节上有短柔毛。叶每轮4片，上部的2片，线形或线状披针形，长2.7~4cm，宽3~9mm，无毛或在背面中脉及边缘上粗糙。圆锥花序式的聚伞花序紧密，总花梗和花梗无毛或粗糙；花冠裂片4，有时5，椭圆形，有小短尖头。果被倒钩毛或无毛。花期6—7月，果期7—8月。

生境： 生于山地林带、亚高山草甸、高山草甸及灌丛中，海拔1500~3000m。

忍冬科 Caprifoliaceae

北极花 *Linnaea borealis* L.

形态特征： 常绿匍匐小灌木，高3~12cm；茎细长，具稀疏短柔毛。叶圆形至倒卵形，具浅圆齿，正面疏生柔毛，背面无毛。花芳香，总花梗状着花小枝长6~7cm；苞片狭小，微被短柔毛；花梗纤细；小苞片大小不等；萼筒近圆形；花冠淡红色或白色，裂片卵圆形，筒外面无毛，内被短柔毛；雄蕊着生于花冠筒中部以下；柱头伸出花冠外。果实近圆形，黄色，下垂。花果期6—8月。

生境： 生于针叶林下，或在树干和长满苔藓的岩石上成片生长，海拔1400~2100m。

小叶忍冬 *Lonicera microphylla* Willd. ex Roem. et Schult.

形态特征：落叶灌木，高2~3m；幼枝无毛或疏被短柔毛，老枝灰黑色。叶纸质，倒卵形至矩圆形，有时倒披针形，背面常带灰白色。总花梗成对生于幼枝下部叶腋，下垂；苞片钻形；相邻两萼筒几乎全部合生，无毛，萼檐浅短，环状或浅波状；花冠黄色或白色，唇形。果实红色或橙黄色，圆形；种子淡黄褐色，光滑，矩圆形或卵状椭圆形。花期5—7月，果期7—9月。

生境：生于山地草原至高山草甸、针叶林下、林缘及河谷灌丛，海拔1300~3200m。

阿尔泰忍冬 *Lonicera caerulea* L. var. *altaica* Pall.

形态特征：灌木，高30~150cm，稀200cm。幼枝细弱，紫色或紫红色，无毛，花枝灰色或黄色，枝具纵裂的小条纹。托叶无毛，或具稀开展细毛。叶长圆状椭圆形，叶枝上的叶较大。苞片线状，苞片连生或管状；花萼裂片半裂；花冠管状漏斗形，浅黄白色，外面无毛，内部具毛，基部具宽囊状物；雄蕊插生于花冠喉部，短于冠喉；花柱无毛，高出于花冠。浆果苦而多汁，黑绿色，长圆状披针形或球形，先端钝。种子椭圆形，半扁。花期6—7月，果期8—9月。

生境：生于山地草原、林带阳坡，海拔1400~2000m。

新疆忍冬 *Lonicera tatarica* L.

形态特征： 落叶灌木，高达3m，全体近于无毛。冬芽小，约有4对鳞片。叶纸质，卵形或卵状矩圆形，有时矩圆形，边缘有短糙毛。总花梗长1~2cm；苞片条状披针形或条状倒披针形；小苞片分离，近圆形至卵状矩圆形；相邻两萼筒分离；花冠粉红色或白色，唇形，基部常有浅囊；雄蕊和花柱稍短于花冠，花柱被短柔毛。果实红色，双果之一常不发育。花期5—6月，果熟期7—8月。

生境： 生于山地草原、河谷、石质山坡、山沟的林缘和灌丛中，海拔1000~2400m。

败酱科 Valerianaceae

中败酱 *Patrinia intermedia* (Horn.) Roem. et Schult.

形态特征： 多年生草本，高20~40cm，根状茎粗厚肉质，长20cm。基生叶丛生；叶片长圆形至椭圆形，一至二回羽状全裂。伞房花序；总苞叶与茎生叶同形或较小，羽状条裂或不分裂；小苞片卵状长圆形；萼齿不明显，呈短杯状；花冠黄色，钟形。瘦果长圆形；果苞卵形，被有稀疏刚毛状的毛，背部贴生有椭圆形大膜质苞片。花期5—7月，果期7—9月。

生境： 生于山地草原至高山草甸草原、针叶林阳坡砾石山坡及灌丛，海拔1200~2800m。

缬草 *Valeriana officinalis* L.

形态特征：多年生高大草本，高100~150cm；根状茎粗短呈头状；茎中空，有纵棱，被粗毛，老时毛少。匍枝叶、基出叶和基部叶在花期常凋萎。茎生叶卵形至宽卵形，羽状深裂。花序顶生，呈伞房状三出聚伞圆锥花序；小苞片两侧膜质，长椭圆状长圆形、倒披针形或线状披针形，边缘多少有粗缘毛。花冠淡紫红色或白色，花冠裂片椭圆形，雌雄蕊约与花冠等长。瘦果长卵形，基部近平截，光秃或两面被毛。花期5—7月，果期6—9月。

生境：生于山地草原、亚高山草甸、林缘、灌丛及河谷，海拔1400~2500m。

川续断科 Dipsacaceae

小花蓝盆花 *Scabiosa olivieri* Coult.

形态特征：一年生草本，高10~38cm。主根单一。茎纤细，圆形，苍白色，具白色短柔毛。叶对生，长圆形或线状披针形，全缘，长2~5cm，宽0.3~1cm，先端钝，基部楔形，背面有长柔毛。总花梗通常纤细，苍白色，疏生柔毛；头状花序较小，球形，边缘花大；总苞片3~5，长圆状卵形或卵圆形，绿色或绿褐色，疏生短柔毛；小总苞宽漏斗形，基部具白色糙硬毛，上半部具8个深窝孔；萼刺五角星状，棕褐色，生有短毛；花冠淡紫色，有时呈白色，外面疏生短柔毛。瘦果具乳白色毛。花期5—6月，果期6—7月。

生境：生于沙漠边缘、低山带砾石山坡，海拔900m左右。

桔梗科 Campanulaceae

西伯利亚风铃草（刺毛风铃草）*Campanula sibirica* L.

形态特征：多年生草本，根粗，胡萝卜状，有时木质化。茎叶被开展的白色硬毛。茎直立，多分枝，高35cm，带紫色。基生叶及下部茎生叶长椭圆形，边缘疏生圆齿；上部茎生叶条状披针形，全缘。狭圆锥花序顶生于主茎及分枝上，花密集。花下垂，花梗长于苞片；花萼筒部无毛，边缘生芒状长刺毛；花冠狭钟状，淡蓝紫色，有时近于白色，内面疏生须毛；花柱与花冠等长或稍短，柱头3裂。蒴果倒圆锥状。种子椭圆状。花期5—7月，果期7—9月。

生境：生于山地草原、林缘、灌丛及河谷，海拔1500~2800m。

聚花风铃草 *Campanula glomerata* subsp. *speciosa* (Sprengel) Domin

形态特征：多年生草本，茎直立，高（10）20~（50）80cm。茎生叶具长柄，长卵形至心状卵形；茎生叶下部的具长柄，上部的无柄，椭圆形，长卵形或卵状披针形，边缘具尖锯齿。花数朵集成头状花序，生于茎中上部叶腋间，无总梗，亦无花梗，在茎顶端，由于节间缩短，多个头状花序集成复头状花序；花萼裂片钻形；花冠紫色、蓝色或蓝紫色，管状钟形，分裂至中部，花柱伸出于花管外部。蒴果倒卵状圆锥形。种子长矩圆状。花果期6—8月。

生境：生于山地草原至高山草甸、河谷及林缘，海拔1200~2600m。

新疆风铃草 *Campanula albertii* Trautv.

形态特征： 多年生草本，植株全体无毛。横走根状茎细长，裸露，直立的茎基常为往年的残叶所包裹。茎丛生，直立，高20~50cm，顶生单花或着生数朵花。基生叶匙形或椭圆形，基部渐狭成长柄，边缘有圆齿；茎生叶无柄，宽条形，长在2cm以上。花萼筒部倒圆锥状，长约4mm，裂片钻形，长约7mm；花冠紫色，漏斗状，分裂至一半。蒴果椭圆状，直径约5mm。种子椭圆状，棕黄色。花期6—7月，果期7—8月。

生境： 生于山坡阴处、林中空地及干旱草地上，海拔1100~2500m。

新疆党参 *Codonopsis clematidea* (Schrenk) C. B. Cl.

形态特征： 多年生草本，有白色乳汁。茎基具多数细小茎痕，粗壮。根常肥大呈纺锤状圆柱形。茎1至数支，直立或上升，或略近于蔓状，基部分枝较上部多，高50~100cm。主茎上的叶小而互生，分枝上的叶对生，具柄；叶片卵状矩圆形或披针形，全缘，密被短柔毛。花单生于茎及分枝的顶端；花梗长，疏生短小的白色硬毛；花萼具10条明显辐射脉，有白粉；花冠阔钟状，淡蓝色而具深蓝色花脉，内部常有紫斑；雄蕊花丝基部微扩大。蒴果下部半球状，上部圆锥状。种子多数，狭椭圆状，浅棕黄色，光滑，无光泽。花果期6—8月。

生境： 生于山地草原、亚高山草甸、疏林下、林缘、灌丛及河谷，海拔1500~2500m。

菊科 Compositae

阿尔泰狗娃花 *Aster altaicus* Willd.

形态特征：多年生草本，高20~80cm。茎直立。茎基部叶花期早枯，下部叶条形、条状倒披针形；中部叶和下部叶同形，上部及分枝上的叶较小，条形，全缘，被糙毛，常有腺点。头状花序单生或在枝顶排成伞房状；总苞半球形，总苞片2~3层，外层草质，绿色，矩圆状披针形或条形；边缘雌花舌状，1层，舌片蓝紫色，开展，花柱伸出管部；中央两性花筒状，黄色，花柱分枝附片三角形，近等长于花冠。冠毛红褐色或污白色，具微糙毛。瘦果扁，倒卵状长圆形，灰绿色或浅褐色，密被绢毛，杂有腺毛。花果期6—9月。

生境：生于草原、荒地及干旱山地，海拔1000~2800m。

高山紫菀 *Aster alpinus* L.

形态特征：多年生草本，高10~35cm。有丛生的茎和莲座状叶丛；茎直立，不分枝。下部叶匙状或条状矩圆形，长1~10cm，宽0.4~1.5cm，顶端圆形或稍尖，基部渐狭成具翅的叶柄，有时成长达11cm的细叶柄，全缘；上部叶渐狭小，无叶柄；全部叶有柔毛。头状花序直径3~3.5（5）cm，在茎端单生；总苞半球形，总苞片2~3层，匙状披针形或条形，近等长，顶端钝或稍尖，被柔毛；舌状花紫色、蓝色或浅红色。瘦果矩圆形，褐色，有密绢毛。花果期7—9月。

生境：生于高寒草甸，常为伴生种，海拔1500~3200m。

阿尔泰乳菀 *Galatella altaica* Tzvel.

形态特征：多年生草本，高20~60cm，全株被密乳头状短毛和微刚毛，上部常杂有蛛丝状柔毛。茎直立或基部斜升。叶较密集，节间长1~1.5cm，上部节间较短，叶稍无柄，暗绿色，边缘粗糙，下部叶花后常枯萎，中部叶长圆状披针形，上部叶渐小，有3条脉。头状花序，在茎、枝端排列成较疏的伞房花序，具25~50个花；总苞近半球形，总苞片3层，黄绿色，背面被短柔毛，边缘有蛛丝状绵毛。舌状花舌片淡紫色，开展，顶端具3小齿，中央的两性花多数，花冠管状，淡黄色。瘦果被密长毛；冠毛白色，糙毛状。花果期7—9月。

生境：生于多砾石山坡草地或林缘，海拔1800~2100m。

乳菀 *Galatella punctata* (K. et W.) Nees ab Esenb.

形态特征：多年生草本，高20~70cm。茎直立，多数，被密短毛；叶密集，叶线状披针形或线形，无柄，顶端长渐尖，基部渐狭；头状花序多数，密集，花序梗细长，常有4~6个线形的苞片；总苞宽倒锥形，总苞片3~4层，具狭白膜质的边缘，3条脉；外围有5~10个舌状花，舌片淡紫红色，中央有10~15个两性花，花冠管状，淡黄色。瘦果3.5~4mm，被白色密长柔毛；冠毛淡白色，糙毛状，长5~6mm。花果期7—10月。

生境：生于山坡草地，海拔950~1700m。

新疆麻菀 *Crinitina tatarica* (Lessing) Sojak

形态特征：多年生草本，高10~30cm；茎数个，直立或斜升，基部叶在花后常枯萎，叶极小，近革质，线形或长圆状线形，无柄，具1条脉，上部叶渐小；头状花序极小，有5~10个花，排列成密集的伞房花序；总苞短圆柱形或窄倒圆锥形，总苞片3~4层，薄革质，背面和边缘多少被蛛丝状短毛；花全部两性花，花冠管状，淡黄色，管部约为花冠之半，檐部狭钟状；瘦果长圆形，长3~4mm，被长伏毛；冠毛淡白色，有时淡褐色，糙毛状，长5~6mm。花果期7—9月。

生境：生于砂质碱、半荒漠或砾石干旱山坡，海拔1000m左右。

绵苞飞蓬 *Erigeron eriocalyx* (Ldb.) Vierh.

形态特征：多年生草本，高5~25cm。茎直立，不分枝，被较密开展的长软毛和贴短毛。基部叶密集，莲座状，花期常枯萎，倒披针形，基部狭成长叶柄，具3脉，抱茎，上部叶渐小。头状花序单生，总苞半球形，总苞片3层，线状披针形，背面被密且具暗隔膜的乱长毛，外层稍短。外围的雌花舌状，2~3层，上部被疏短毛，舌片紫色或淡紫色，干时内卷成管状，顶端具2小齿；中央的两性花管状，黄色；瘦果狭长圆形，被贴生短毛；冠毛淡白色，2层，刚毛状，外层极短。花果期6—9月。

生境：生于高山或亚高山草地，海拔2400~2640m。

长茎飞蓬 *Erigeron acris* subsp. *politus* (Fries) H. Lindberg.

形态特征： 二年生或多年生草本，高15~50cm。斜升，有分枝，密被贴短毛，杂有疏开展的长硬毛，头状花序下有具柄腺毛或长硬毛；叶全缘，质较硬，绿色，边缘常有睫毛状的长节毛，两面无毛，基部叶密集，莲座状，花期常枯萎，基部及下部叶倒披针形或长圆形；头状花序较少数，生于小枝顶端，排列成伞房状或伞房状圆锥花序，总苞半球形，总苞片3层，线状披针形，紫红色稀绿色，背面密被具柄的腺毛；雌花外层舌状，上部被疏微毛，舌片淡红色或淡紫色；两性花管状，黄色；瘦果长圆状披针形，扁压，密被短毛；冠毛白色，2层，刚毛状。花果期6—9月。

生境： 生于低山开阔山坡草地、沟边及林缘，海拔1100~3000m。

絮菊 *Filago arvensis* L.

形态特征： 一年生草本，高10~30cm；茎直立，有分枝，被白色或灰色密绵毛。叶披针形，或条状披针形，长5~15mm，宽1.5~3mm，顶端尖，两面被厚绵毛。头状花序长3~4mm，2~10个密集成团伞状，被苞叶所包围；总苞片干膜质，2~3层，果熟后开展作星状，外层5~10，条形或披针形，被长绵毛，内层5，宽披针形稍弯；外围为雌花，花冠丝状；中央有少数两性花，花冠细筒状；冠毛白色，极细；外层雌花无冠毛。瘦果矩圆形，稍扁，有微小乳头状毛。花期5—6月，果期6—7月。

生境： 生于草原带、荒漠草原带的干旱坡地或沙地，海拔1000m左右。

蝶须 *Antennaria dioica* (L.) Gaertn.

形态特征：多年生小草本；花茎不分枝，高6~15cm，被密绵毛。叶在茎基部密生成莲座状，匙形，长1.8~3.5cm，上部叶条状矩圆形至披针状条形，全缘，被密绵毛。头状花序3~5个，排成多少密集伞房状；雌雄异株；雌株头状花序直径8~10mm，总苞片约5层，内层比外层长2~3倍，白色或红色；冠毛纤细而长；雌花花冠丝状；雄株头状花序直径约7mm；总苞片3层，内外层几等长，白色或红色；两性花花冠筒状；冠毛短而上端棒槌状，皱曲。瘦果极小，有棱，无毛。花果期5—8月。

生境：生于高山和亚高山地带的向阳草地、干燥坡地及砂砾地，海拔2200~3100m。

沙生蜡菊 *Helichrysum arenarium* (L.) Moeneh.

形态特征：多年生草本，高10~30cm，全株密被白色绵毛。根状茎木质，花茎密集丛生，被白色密绵毛。不育茎或花茎基部叶椭圆状匙形或倒披针形，两面被绵毛，基部下延成楔状渐窄翅，叶柄长；中部叶线形或披针状线形，长3~8cm，宽2~5mm，厚纸质，灰绿色，两面被长绵毛，基部半抱茎。头状花序宽倒卵形或球形，径4~6mm，密集成复伞房花序；花序梗被厚绵毛；总苞基部近圆，总苞片近50，4~6层，柠檬黄色或橙黄色，先端反折，外层倒卵形或匙形，先端圆，背面有蛛丝状毛，内层宽匙形、椭圆状匙形或线形。瘦果有乳突。花期8月，果期9月。

生境：生于荒漠草原带及草原带的山坡草地，海拔940~1400m。

蓍 *Achillea millefolium* L.

形态特征：多年生草本，高30~100cm。茎直立，有粗细不等的沟棱，密生白色长柔毛。叶披针形、矩圆状披针形或近条形，二至三回羽状全裂，下部叶长10~20cm，宽0.8~2cm，叶轴宽1~2mm，裂片及齿披针形或条形，顶端有软骨质小尖，被疏长柔毛或近无毛，有蜂窝状小点。头状花序多数，密集成复伞房状，直径4~6cm；总苞矩圆状或近卵状，总苞片3层，覆瓦状，绿色，龙骨瓣状，有中肋，边缘膜质；托片卵形，膜质；舌状花白色、粉红色或紫红色，舌片近圆形，顶端有2~3个齿；筒状花黄色。瘦果矩圆形，长约2mm，无冠毛。花果期6—9月。

生境：生于山地草原的河滩、草甸，海拔1200~3000m。

亚洲蓍 *Achillea asiatica* Serg.

形态特征：多年生草本，高15~60cm，有细的根状茎。茎单生，被绵状长柔毛。叶线状长圆形、线状披针形或线状倒披针形，二至三回羽状全裂，主轴宽0.5~1mm，正面疏生长柔毛，背面被较密长柔毛；中上部叶无柄，长1~8cm，苞长圆形，被疏柔毛，总苞片3~4层，卵形、长圆形或披针形，先端钝，有棕色或淡棕色膜质边缘，上部具疏伏毛，边缘棕色。舌状花具黄色腺点，舌片粉红色或淡紫红色，半椭圆形或近圆形，具3圆齿；管状花具腺点，冠檐5裂。瘦果长圆状楔形，具边肋。花果期7—8月。

生境：生于荒漠草原、河边、草场及林缘湿地，海拔1300~2400m。

黑苞匹菊 *Tanacetum krylovianum* (Krascheninnikov) K. Bremer et Humphries

形态特征：多年生草本，高30~70cm。茎直立，被稀疏的柔毛，并混生短腺毛。基生叶线形，长2~10cm，宽1~2cm，二回羽状分裂，一回或二回全裂，一回裂片6~12对，二回掌状或掌式羽状分裂，末回裂片线形或线状披针形，宽达1mm，叶柄长达4mm；茎生叶无柄，绿色，无毛或稍被弯曲长单毛。头状花序单生茎顶，花序梗长，上部密被弯曲长单毛；总苞径1.5~2.5cm，总苞片5层，背面被弯曲长单毛，边缘黑褐色膜质。舌状花白色。瘦果；冠状冠毛。花果期6—8月。

生境：生于山地草甸、山坡，海拔1800~2200m。

岩匹菊 *Tanacetum petraeum* (C. Shih) K. Bremer et Humphries

形态特征：小半灌木，高达35cm。叶二回羽状深裂，花序下部的叶3~5裂或不裂而几成钻形；下部叶有楔形渐窄的短叶柄，柄长达1.5cm；中部叶无柄或几无柄。头状花序单生枝端或枝生2~3个头状花序，作不规则伞房状排列；总苞片4层，外层倒披针状长椭圆形，长约6mm；中内层披针状三角形或椭圆形，长7~8mm；中外层有稠密短柔毛至稀毛或无毛；全部苞片边缘黑褐色或棕褐色膜质；舌状花粉红色，舌片长椭圆形，长约2cm，顶端2齿裂。瘦果长2mm，有6条椭圆形突起的纵肋。花果期8月。

生境：生于山坡岩石上，海拔约2000m。

阿尔泰菊蒿 *Tanacetum barclayanum* DC.

形态特征：多年生草本，高25~60cm。茎直立，通常上部花序分枝。基生叶长椭圆形或线状长椭圆形，二回羽状分裂；叶柄长达8cm；茎叶少数，与基生叶同形并等样分裂，无柄；全部叶绿色或灰绿色，有丁字形毛和单毛。茎生头状花序排列成不规则的伞房花序；总苞直径7~12mm，总苞片硬草质，4层，外层披针形，顶端白色膜质，中内层长圆形，有狭的白色膜质边缘；边缘雌花常由管状向舌状转变，而顶端3裂。瘦果。冠状冠毛长0.1mm。花果期6—8月。

生境：生于荒漠草原、山地草原及山间河谷，海拔1140~2300m。

冷蒿 *Artemisia frigida* Willd.

形态特征：多年生草本，高40~70cm。茎基部木质，丛生，被短茸毛。叶2~3次羽状全裂，下部裂片常2~3裂，顶部裂片又常羽状或掌状全裂，小裂片又常3~5裂，基部的裂片抱茎成托叶状；上部叶小。头状花序，排列成狭长的总状或复总状花序，有短梗及数个条形苞叶，下垂；总苞球形，直径2.5~3mm，花黄色；有时直径3~3.5mm，花深紫色或黄色；总苞片约3层，卵形，被茸毛，有绿色中脉，边缘膜质；花序托有白色托毛；花筒状，内层两性，外层雌性。瘦果矩圆形。花果期7—10月。

生境：生于荒漠草原、干旱荒坡、戈壁、路边等地，是山地干旱与半干旱地区植物群落的建群种或主要伴生种，海拔2500m以下。

龙蒿 *Artemisia dracunculus* L.

形态特征：亚灌木状草本。茎成丛，高40~100cm，多分枝；茎、枝初微被柔毛。叶无柄，初两面微被柔毛，中部叶线状披针形或线形，长（1.5）3~7（10）cm，全缘；上部叶与苞片叶线形或线状披针形，长0.5~3cm，宽1~2mm。头状花序近球形，径2~2.5mm，基部有线形小苞叶，排成复总状花序，在茎上组成开展或稍窄的圆锥花序；总苞片无毛；雌花6~10；两性花8~14。瘦果倒卵形或椭圆状倒卵形。花果期7—10月。

生境：生于山坡、草地、林缘及湖边，海拔1000~3200m。

款冬 *Tussilago farfara* L.

形态特征：多年生草本，高5~20cm；根状茎长，横走，须根纤细。叶鳞片状，互生，浅褐色；基生叶具长柄，长5~15cm，叶片宽心形。早春抽出花莛数条，被白色蛛丝状绵毛；头状花序单生于茎顶，总苞钟状，总苞片2层，披针形，背面红褐色，被茸毛，内层具白色膜质边缘；边缘的舌状花雌性，黄色，干后背面淡紫红色，舌片细线形；中央筒状花两性，不育，黄色，长约1.2cm，雄蕊仅附器伸出花冠。瘦果柱状，冠毛黄白色。花期5—6月。

生境：生于山谷湿地或林下，海拔900~2000m。

异果千里光 *Senecio jacobaea* L.

形态特征：多年生草本。根状茎木质；茎单生，直立，高20~100cm，枝初时被蛛丝状毛。基生叶在花期枯萎，通常凋落；下部茎叶具柄，长圆状倒卵形，具钝齿或大头羽状浅裂；顶生裂片大，侧生裂片较小，正面无毛，背面被疏蛛丝状毛，中部茎叶无柄，较密集，羽状全裂；上部叶同形，但较小。头状花序有舌状花，多数，排列成顶生复伞房花序；花序梗具苞片和2~3线形小苞片；总苞宽钟状或半球形，苞片2~6；总苞片约13，上端有短柔毛，草质，边缘狭干膜质，具3脉；舌状花12~15；舌片黄色，长圆形，顶端具3细齿，具4脉；管状花多数，花冠黄色，檐部漏斗状；裂片三角状卵形。瘦果圆柱形，长2mm，在舌状花无毛，而在管状花被柔毛；冠毛白色，长6mm，在管状花宿存，而在舌状花脱落。花期6—7月。

生境：生于草原带的草甸、疏林及草地，海拔1080~2000m。

阿勒泰橐吾 *Ligularia altaica* DC.

形态特征：多年生草本，高35~65cm。茎无毛。丛生叶，直立，叶卵状长圆形、长圆形或椭圆形，长8~15cm，全缘，基部楔形，下延成柄，两面光滑，叶脉羽状，叶柄长13~20cm，具窄翅，基部有窄鞘；茎生叶与丛生叶同形，无柄，半抱茎，向上渐小。总状花序；头状花序10~25，辐射状；苞片和小苞片线状钻形；总苞钟形或近杯状，总苞片6~9，2层，长圆形或窄披针形，宽1.5~3mm，背部无毛，内层边缘膜质。舌状花4~5，黄色，舌片倒卵状长圆形，长6~7mm；管状花多数，长约7mm，伸出总苞，冠毛白色，与花冠等长。花果期6—7月。

生境：生于高山草原、林间草地，海拔1400~3000m。

硬叶蓝刺头 *Echinops ritro* L.

形态特征：多年生草本，高20~60cm。茎单生或簇生，被绵毛。基生叶与下部茎生叶长椭圆形、长倒披针形或线状长椭圆形，羽状深裂或近全裂；中部及上部茎生叶与下部茎叶同形或披针形，羽状浅裂或半裂，侧裂片三角形，先端及边缘有针刺或刺齿；叶革质，正面疏生蛛丝毛，背面密被灰白色蛛丝状绵毛。复头状花序单生茎枝顶端，长为总苞1/5~1/4；总苞片20~21，背面无毛，龙骨状，外层倒披针形，上部褐色，中层长椭圆形或倒披针形，毛端针刺状长渐尖，内层稍短，先端芒状齿裂。小花蓝色，5深裂，裂片线形。瘦果倒圆锥形，被褐色长直毛；冠毛膜片线形。花果期6—8月。

生境：生于干旱砾石质山坡、戈壁、河滩及河谷，海拔1450~2400m。

全缘叶蓝刺头 *Echinops integrifolius* Kar. et Kir.

形态特征：多年生草本，高40~60cm。茎单生，有腺体，上部被白色茸毛，基部常有残叶；叶披针形，长2~8cm，宽0.3~1.5cm，顶端有刺尖，基部抱茎，全缘，仅上部叶基部边缘有2~3个刺针，或下部的茎生叶和基生叶有时每边有1~3个锯齿，正面绿色，密生腺体，正面中脉及背面被白色茸毛。复头状花序单生茎顶，小头状花序外层总苞片刚毛状；总苞片外层条形，上端菱状扩展，内层总苞片长椭圆形，边缘均有羽状长睫毛；花冠白色，长约1.5cm，5裂，裂片条形，筒部无毛。瘦果被茸毛；冠毛上部约1/3分离。花果期7—9月。

生境：生于中山至前山带的石质、砾石质和砂质的山坡、谷地及林间空地，海拔1280~2400m。

牛蒡 *Arctium lappa* L.

形态特征： 二年生草本，根肉质。茎粗壮，高1~2m，带紫色，有微毛，上部多分枝。基生叶丛生，茎生叶互生，宽卵形或心形，长40~50cm，宽30~40cm，正面绿色，无毛，背面密被灰白色茸毛，全缘，上部叶渐小。头状花序丛生或排成伞房状，直径3~4cm；总苞球形；总苞片披针形，长1~2cm，顶端钩状内弯；花全部筒状，淡紫色，顶端5齿裂，裂片狭。瘦果椭圆形或倒卵形，长约5mm，宽约3mm，灰黑色；冠毛短刚毛状。花果期7—9月。

生境： 生于山谷、山坡、林缘、林间空地及水边湿地，海拔1100~3200m。

顶羽菊 *Rhaponticum repens* (L.) Hidalgo

形态特征： 多年生草本，高20~70cm。茎基部分枝被蛛丝毛，叶稠密；茎生叶长椭圆形、匙形或线形，长2.5~5cm，全缘或疏生不明显细齿，或羽状半裂。头状花序在茎枝顶端排成伞房或伞房状圆锥花序；总苞卵圆形或椭圆状卵圆形，约8层，外层、中层卵形或宽倒卵形，上部有附属物，内层披针形，先端附属物小；苞片有白色膜质附属物，密被长直毛；花托有托毛；小花两性，管状，花冠粉红；花药基部附属物小，花丝无毛；花柱分枝细长，顶端钝，花柱中部有毛环。瘦果倒长卵圆形，基底着生面稍偏斜；冠毛白色，多层，内层较长，边缘短羽毛状。花果期6—8月。

生境： 生于水旁、沟边、盐碱地、田边、荒地、沙地、干山坡及石质山坡，海拔900~2400m。

翼蓟 *Cirsium vulgare* (Savi) Ten.

形态特征： 二年生草本，高25~150cm。茎直立，上部分枝，茎枝有翼，茎翼和枝翼刺齿状，齿顶有长针刺，全部茎枝被稀疏的多细胞长节毛及蛛丝毛，上部被稠密的茸毛。中部茎叶披针形，长10~15cm，宽4~5cm，羽状深裂，基部沿茎下延成茎翼；侧裂片3~4对，2叉裂，叉裂长三角形或披针形，顶端急尖成长针刺，裂缘有缘毛状短针刺；顶裂片披针形，边缘有针刺；向上的叶渐小；叶正面绿色，背面灰白色。头状花序直立，在茎枝顶端排成圆锥状伞房花序或总状花序；总苞卵球形，直径3~5cm，无毛；总苞片约10层；小花红色。瘦果褐色，顶端斜截形；冠毛白色，多层，基部连合成环；冠毛刚毛长羽毛状，长达3cm，向顶端渐细。花果期7—9月。

生境： 生于山谷、河滩草地、水边及湿地，海拔1000~1800m。

莲座蓟 *Cirsium esculentum* (Sievers) C. A. Mey.

形态特征： 多年生草本，无茎，茎基粗厚，外围莲座状叶丛。叶丛的叶倒披针形或椭圆形或长椭圆形，长6（10）~10（21）cm，宽2.5（3.5）~3（7）cm，羽裂，基部渐狭成有翼的叶柄；侧裂片4~7对，中部侧裂片稍大，边缘有三角形刺齿及针刺，齿顶有针刺，边缘针刺较短。顶生多数头状花序，头状花序5~12个集生于茎基顶端的莲座状叶丛中；总苞钟状，总苞片约6层，无毛；小花紫色。瘦果淡黄色，顶端斜截形；冠毛白色或污白色或稍带褐色或带黄色；多层，基部连合成环，整体脱落；冠毛刚毛长羽毛状，长2.7cm，向顶端渐细。花果期7—9月。

生境： 生于河漫滩、沼泽地、沟渠边、山间谷地、山坡潮湿地，海拔1150~3200m。

薄叶麻花头 *Klasea marginata* (Tausch) Kitagawa

形态特征：多年生草本，高10~30cm。茎直立，单一，有纵棱，上部无叶，被稀疏的多细胞节毛或近无毛。叶灰绿色；基生叶和茎下部叶有柄，叶片长椭圆形、椭圆形或卵形，长3~6cm，宽1.5~2cm，全缘或沿缘具波状齿；茎中部叶披针形，羽状深裂或具缺刻状齿，有时全缘，无柄；上部通常无叶，有时具1片线形叶，全缘，极小。头状花序单生茎端；总苞碗状或钟状，直径1.5~2cm，被长柔毛和短毛；总苞片7~8层；小花红紫色，花冠长1.6~2cm。瘦果长圆形，长约4mm，褐色；冠毛淡黄色。花果期6—9月。

生境：生于山地草甸、林下及森林和草原带的砾石山坡，海拔1500m左右。

糙叶矢车菊 *Centaurea scabiosa* subsp. *adpressa* (Ledebour) Gugler

形态特征：多年生草本，高50~100cm。茎单生或簇生。基生叶倒披针形、长椭圆形，长15~20cm，宽约8cm，羽状全裂，有叶柄；侧裂片8~11对，全缘；茎生叶与基生叶同形并等样分裂，但渐小。茎叶粗糙，被稠密的短糙毛、黄色小腺点及极稀疏的蛛丝毛。头状花序在茎枝顶端排成伞房花序或伞房状圆锥花序；总苞卵形或碗状，总苞片7层，顶端有褐色膜质附属物，顶端有短针刺。边花无性，盘花两性，小花紫色。瘦果椭圆形，压扁，淡白色，被稀疏的柔毛。冠毛2列，外列毛状，内列膜片状。花果期6—9月。

生境：生于山坡草地、河谷、砾石戈壁、沙地、荒地及河滩地，海拔1020~1400m。

矮小矢车菊 *Centaurea sibirica* L.

形态特征：多年生草本，高7~15cm，几为莲座状。莲座状叶丛的叶全形长椭圆形，长5cm，宽2~3cm，羽状全裂，侧裂片2~5对，椭圆形或卵形，顶裂片卵形，花茎上的叶少数，长椭圆形或匙形，全缘，不裂；全部叶或裂片边缘全缘，灰白色，被稠密的茸毛，莲座状叶丛的叶有叶柄，花茎上的基部渐狭而无柄。头状花序单生花茎顶端，通常1个头状花序；总苞钟状，总苞片约6层，有蛛丝毛。全部苞片顶端有黄褐色的附属物；边花无性，与中央盘花等大，全部小花紫红色。瘦果偏斜长楔状，淡白色；冠毛2列，外列毛状，内列冠毛刚毛膜片状。花果期6—8月。

生境：生于干燥的砾石山坡，海拔1200m左右。

琉苞菊 *Centaurea pulchella* Ledeb.

形态特征：一年生草本，高度10~70cm。茎上部被白色蛛丝毛，向上几无毛。基生叶长椭圆状披针形，近基部羽状浅裂，有短柄；中下部茎生叶披针形或线状披针形，长2~3cm，全缘或有小锯齿，基部渐窄，无柄；上部叶与中下部叶同形，渐小；茎生叶两面绿色，均疏被蛛丝毛及乳突状毛。头状花序排成伞房花序或圆锥花序；总苞碗状或长卵圆形，径4~6mm，总苞片12~13层，黄绿色，先端有白色膜质半月形或卵形附属物，中外层苞片附属物较大，内层附属物较小，易脱落；边花无性，花冠长8mm，中央两性花花冠长1cm。瘦果倒卵状，疏被白色柔毛，后脱落；外层冠毛刚毛状，内列冠毛膜片状。花果期5—9月。

生境：生于砾石山坡、山地、沙质戈壁、沙地及固定、半固定沙丘，海拔1000~1500m。

菊苣 *Cichorium intybus* L.

形态特征：多年生草本，高20~150cm。茎有条棱，分枝偏斜且顶端粗厚，有疏粗毛或绢毛，少有无毛。基生叶倒向羽状分裂至不分裂，但有齿，长6~20cm，顶裂片大，侧裂片三角形，基部渐狭成有翅的叶柄；茎生叶渐小，少数，披针状卵形至披针形，上部叶小，全缘；全部叶背面被疏粗毛或绢毛。头状花序单生茎和枝端或2~3个在中上部叶腋簇生；总苞圆柱状，长8~14mm；外层总苞片长短形状不一，下部软革质，有睫毛，外面无毛或有毛；花全部舌状，花冠蓝色。瘦果顶端截形；冠毛短，长0.2~0.8mm，鳞片状，顶端细齿裂。花果期6—8月。

生境：生于山前平原、荒地、河边、水沟边及山坡，海拔900~1200m。

新疆猫耳菊 *Hypochaeris maculata* L.

形态特征：多年生草本，高30~120cm。茎直立，被开展的白色长硬毛。基生叶莲座状，椭圆形、长倒披针形、宽披针形、几卵形或匙形，向基部渐狭成短翼柄；茎生叶1枚，长椭圆形或披针形，无柄，基部半抱茎，被白色短硬毛；叶边缘全缘或有小锯齿。头状花序大，1~3个生于茎枝顶端。总苞半球形；总苞片3~4层，背面被长硬毛至无毛，顶端边缘有茸毛状缘毛，最内层苞片披针形，顶端长渐尖，外面光滑无毛，顶端边缘无毛；舌状小花黄色。瘦果长椭圆形，黄褐色，喙长1.2cm。冠毛污白色，羽毛状。花果期6—8月。

生境：生于山地草坡、河谷、林缘及落叶松林下，海拔1000m以上。

长苞婆罗门参 *Tragopogon heteropappus* Z. X. An

形态特征：二年生或多年生草本，高30~40cm。茎直立，上部分枝，顶端有短的蛛丝状毛。基生叶多数，丛生，早枯，线形，长10~16cm，宽3~4mm，基部宽，膜质，淡紫色；基生叶披针形，长6~10cm，下部长圆状卵形，长3~4cm，宽1~1.4cm，上部披针形，基部抱茎；向上叶渐短，所有叶腋均有蓬松的蛛丝状毛团。头状花序单生花于枝端，花序梗及总苞基部均密被白色毡状毛；总苞长圆形，总苞片8~10，披针形，顶端渐尖，短于花而长于瘦果；舌状花黄色，有4条深色脉纹，筒部两侧有窄的透明的翅。瘦果带喙长约8mm，喙短，顶端有毛环；冠毛淡黄色，两层。花期6月，果期7月。

生境：生于森林带的草甸及山坡，海拔1300m左右。

苣荬菜 *Sonchus wightianus* DC.

形态特征：多年生草本。茎直立，高30~150cm，有细条纹，上部或顶部有伞房状花序分枝，被稠密的头状具柄的腺毛。基生叶多数，与中下部茎叶倒披针形或长椭圆形，羽状或倒向羽状深裂、半裂或浅裂，侧裂片2~5对，顶裂片稍大，长卵形、椭圆形或长卵状椭圆形；上部茎叶及接花序分枝下部的叶披针形或线钻形，小；全部叶基部渐窄成长或短翼柄，但中部以上茎叶无柄，基部圆耳状扩大半抱茎，光滑无毛。头状花序在茎枝顶端排成伞房状花序；总苞钟状，基部有稀疏或稍稠密的长或短茸毛，总苞片3层；舌状小花多数，黄色。瘦果稍压扁，长椭圆形；冠毛白色，基部连合成环。花果期1—9月。

生境：生于山坡草地、林间草地、潮湿地或近水旁、河边砾石滩，海拔1100~2300m。

野莴苣（锯齿莴苣）*Lactuca serriola* Torner. ex L.

形态特征：一年生草本，高20~130cm。茎直立，上部分枝。中下部茎生叶长圆形，长4~15cm，宽2.5~7cm，羽状深裂，叶片稀疏并后弯，3~4对，前侧具齿多于后侧，尖端有小尖头，边缘略后卷，基部具耳，无柄，抱茎；上部叶卵状长圆形，不裂先端渐尖，基部具耳。头状花序排列成聚伞圆锥状；总苞圆筒状，总苞片1~5层，外层小，长卵形，向内渐长成线状披针形，顶端渐尖，色深，边缘膜质，淡黄色；舌状小花黄色。瘦果纺锤形，淡黄褐色，有黑褐色斑纹，喙与果体近等长，顶端扩大成冠毛盘；冠毛白色。花果期6—8月。

生境：生于荒漠、山谷及河漫滩，海拔1000m左右。

乳苣 *Lactuca tatarica* (L.) C. A. Mey.

形态特征：多年生草本。根粗壮，有根状茎。茎枝无毛，高（5）10~100cm。中下部茎生叶长椭圆形、线状长椭圆形或线形，基部渐窄成短柄或无柄，长6~19cm，羽状浅裂、半裂或有大锯齿，侧裂片2~5对，侧裂片半椭圆形或偏斜三角形，顶裂片披针形或长三角形；向上的叶与中部叶同形或宽线形；两面无毛，裂片全缘或疏生小尖头或锯齿。头状花序排成圆锥花序；总苞圆柱状或楔形，长2cm；总苞片4层，背面无毛。舌状小花紫或紫蓝色。瘦果长圆状披针形，灰黑色，长5mm；冠毛白色，长1cm。花果期5—9月。

生境：生于河滩、湖边、草甸、田边、固定沙丘及砾石地，海拔1000~3200m。

岩参 *Cicerbita azurea* (Ledeb.) Beauvuerd

形态特征：多年生草本。茎单生，直立，高30~60cm，总状或总状圆锥状花序分枝，被头状具柄的短或长腺毛，下部无毛。基生叶及下部茎叶大头羽状全裂，有柄，柄基稍扩大抱茎，顶裂片大，长2~8cm，宽1.5~6cm，顶端短渐尖，边缘有锯齿，侧裂片1对；中部茎叶渐小，叶柄短，有宽或狭翼；上部或最上部茎叶更小，线形或线状披针形；全部叶背面有极稀疏的糙毛。头状花序，沿茎枝顶端排成总状花序，极少为总状圆锥花序。总苞钟状，总苞片3层；舌状小花紫色、紫蓝色或蓝色。瘦果长椭圆形，长4~5mm，无毛，每面有8细肋，浅褐色。层冠毛极短，内层冠毛长毛状。花果期6—7月。

生境：生于森林带、亚高山草甸、山坡林缘及林间空地，海拔1200~2850m。

异叶黄鹌菜 *Youngia heterophylla* (Hemsl.) Babc. et Stebbins

形态特征：二年生或多年生草本，高30~110cm。茎直立，粗壮。叶琴状羽裂，长达23cm，顶裂片大，椭圆形或卵形，长8cm，宽5cm，基部截形或渐狭，具疏波状细齿，侧裂片小，三角形或矩圆形，急尖；叶柄有狭翅，下部叶叶柄较长，上部叶近无叶柄，有疏茸毛。头状花序小，有11~25朵小花，排成聚伞状伞房花序；梗细，长3~18mm；总苞果期钟形，长6~7.5mm；外层总苞片5~6，近等长，卵形，长约1mm，内层总苞片8，披针形；舌状花黄色，长7.5~8.5mm。瘦果褐紫色，长2.3~3mm，稍扁，近顶端渐狭成一短颈，具14~15条粗细不等的纵肋；冠毛白色或带黄白色，长3~4mm。花果期7—8月。

生境：生于林下、林缘、山地草丛、沟谷、山坡、岩坡及河滩砾石坡，海拔1900~2400m。

多茎还阳参 *Crepis multicaulis* Ledeb.

形态特征：多年生草本，高10~40cm。茎直立，单生或丛生。基生叶丛生，倒披针形或椭圆形，有细齿或琴状羽状半裂，裂片狭三角形或矩圆形，基部渐狭成具狭翅的叶柄，基部抱茎，两面有微柔毛；上部叶1~4片，苞叶状。头状花序小，直立，有小花30~40朵，在茎上部排成伞房状；总苞圆柱形，长7~9mm，宽2.5~3mm；外层总苞片5~7，卵形，短，长为内层总苞片的1/6~1/4；内层总苞片8~11，条状披针形，背面有纤毛；舌状花黄色。瘦果狭纺锤状近圆柱形，红褐色，长约4mm，有10~12条纵肋；冠毛白色。花果期6—7月。

生境：生于山坡林下、林缘、林间空地、草地、河滩、溪边及水边砾石地，海拔1000~1200m。

柳叶山柳菊 *Hieracium regelianum* Zahn.

形态特征：多年生草本，全株被长单毛与星状毛。茎直立。基生叶及下部茎生叶花期枯萎；中部茎生叶卵形、卵状披针形、椭圆状披针形或长椭圆形，长4~9cm，基部耳状抱茎，全缘或有小锯齿，疏生缘毛，正面无毛，背面沿脉疏生长硬毛；向上的叶与中部叶同形并具同样毛被。头状花序多数，于茎端排列成聚伞圆锥状，花序梗密被星状毛，几成毡毛，并杂有长单毛；总苞钟状；舌状花黄色，前端5齿裂。瘦果柱状，长约2.2mm，黑褐色或黑色，有10棱，顶端瘤状或齿状；冠毛1层，白色。花果期6—8月。

生境：生于森林带的干旱山坡，海拔1700~2000m。

水麦冬科 Juncaginaceae

水麦冬 *Triglochin palustris* L.

形态特征：多年生湿生草本，植株弱小。根茎短，多数须根。叶全部基生，条形，长达20cm，宽约1mm，先端钝，基部具鞘，两侧鞘缘膜质，残存叶鞘纤维状。花莛细长，直立，圆柱形，无毛；总状花序，花排列较疏散，无苞片；花梗长约2mm；花被片6枚，绿紫色，椭圆形或舟形，长2~2.5mm；雄蕊6枚，近无花丝，花药卵形，长约1.5mm，2室；雌蕊由3个合生心皮组成，柱头毛笔状。蒴果棒状条形，长约6mm，直径约1.5mm，成熟时自下至上呈3瓣开裂，仅顶部联合。花果期6—9月。

生境：生于河、湖、溪水边沼泽化草甸及盐渍化潮湿草甸，海拔1000~3200m。

禾本科 Poaceae

芦苇 *Phragmites australis* (Cav.)Trin. ex Steud.

形态特征：多年生草本。秆高1~3（8）m，径1~4cm，具20多节，节下被蜡粉。叶鞘下部者短于上部者，长于其节间；叶舌边缘密生一圈长约1mm的短纤毛，两侧缘毛易脱落；叶片披针状线形，长30cm，宽2cm。圆锥花序大型，长20~40cm，着生稠密下垂的小穗；小穗柄长2~4mm，无毛；小穗长约12mm，含4花；颖具3脉，第一颖长4mm；第二颖长约7mm；第一不孕外稃雄性，长约12mm，第二外稃长11mm，具3脉，先端长渐尖，基盘长，两侧密生等长于外稃的丝状柔毛，与无毛的小穗轴相连接处具明显关节，成熟后易自关节上脱落；内稃长约3mm，两脊粗糙；颖果长约1.5mm。花期7—11月。

生境：生于冲积洪积扇缘、平原低地、河滩洼地、河流三角洲、古老河床及湖滨，海拔3200m以下。

德兰臭草 *Melica transsilvanica* Schur

形态特征：多年生草本，丛生。须根细长；偶有短根茎。秆单生，高0.3~1m，径2~3mm，4~8节。叶鞘闭合，叶舌膜质，长2~5mm，顶端平截，常撕裂；叶片长10~20cm，宽3~6mm。圆锥花序穗状，长5~11cm，小穗稠密，花序轴和小穗柄粗糙或被短毛。小穗长4.5~7.5mm，常具孕性小花1，上面2~3不育外稃聚集成粗棒状；小穗轴节间长约1mm，光滑；颖纸质，粗糙，脉具纤毛。外稃草质，披针形，长5~5.5mm，7脉，背面颗粒状粗糙，两侧边脉被长柔毛，毛长达5mm；内稃短于外稃，先端钝，脊被微纤毛；鳞被3，极小；花药黄色，长0.6~1.2mm。颖果长约1mm。花期5—8月。
生境：生于山地草甸草原及河谷，海拔1030~1700m。

沿沟草 *Catabrosa aquatica* (L.) Beauv.

形态特征：多年生草本，须根细弱。秆质地柔弱，直立或于基部匐卧，并于节上生根，高20~60cm。叶鞘松弛；叶舌透明膜质，先端钝圆，长2~4mm；叶片扁平，柔软，光滑无毛，长5~15cm，宽4~8mm；分枝细，上升或伸展，基部各节多呈半轮生，分枝长2~5.5cm；小穗含1~2花，长2~3mm；颖半透明、膜质，顶端钝圆或近于截平，第一颖长约1mm，第二颖长约1.5mm；外稃长约2mm，顶端截平，具隆起的3脉，脉间与边缘质薄；内稃约与外稃等长，具2脉；花药黄色，长约1mm。颖果纺锤形，长约1.5mm。花果期5—9月。
生境：生于山地水溪边和沼泽地，海拔1350~2600m。

阿拉套羊茅 *Festuca alatavica* (St. -yves) Roshev.

形态特征：多年生草本。根状茎短，形成密丛；秆平滑无毛，高35~80cm。叶鞘平滑无毛；叶舌很短，长约0.2mm，边缘具细小纤毛；叶片条形，对折或内卷，宽1~1.5mm，正面平滑，背面平滑或稍粗糙。圆锥花序疏展，长达7cm，分枝平滑；小穗紫褐色，长9~15mm，含4花；颖窄披针形，具长尖，第一颖长约4mm，具1脉，第二颖长5~5.5mm，具3脉；外稃窄披针形，光滑无毛，边缘白色膜质，先端尖或具长达1~1.5mm的短芒，脉不明显，第一外稃长6~6.5mm；内稃稍短于外稃，脊上具细小纤毛；花药长达4mm。花果期6—9月。

生境：生于林缘、高山草甸，海拔2400~3200m。

沟叶羊茅 *Festuca valesiaca* subsp. *sulcata* (Hackel) Schinz et R. Keller

形态特征：多年生草本，形成密丛。秆光滑或稍粗糙，高30~60cm。叶片绿色，丝状，弯而粗糙，长达花序，对褶，沿两侧具深沟。圆锥花序窄狭、疏松，长8~12cm，绿色或紫褐色；小穗长7~8.5mm，椭圆形至长椭圆形，含5~7花；颖披针形，光滑无毛；外稃长4.5~5.5mm，先端粗糙，具短芒，芒长为外稃的1/3~1/2；子房顶端无毛。花果期6—8月。

生境：生于山地草原、草甸草原及森林带的阳坡，海拔1500~2500m。

荒漠胎生早熟禾 *Poa bactriana* Roshev.

形态特征：多年生草本，密丛。秆高30~50cm，基部及老鞘增厚变硬呈鳞茎状。叶鞘平滑；叶舌钝圆，长1.5~3mm；叶片扁平或对折，多基生，长2~15cm，宽1~3mm，顶端长渐尖，粗糙。圆锥花序长圆形或金字塔形，长2~10cm，稠密，有时疏松具间隔；分枝2~3（4）枚生于各节，平滑，斜升；小穗含2~4（6）小花，卵状椭圆形，长4~7mm，绿色或先端紫色；两颖不等，第一颖长2~3mm，具1脉，第二颖较宽，长3~3.5mm，具3脉；外稃椭圆状披针形，背面及脉和基盘完全无毛，脊与边脉微粗糙，第一外稃长2~3.5（4）mm；内稃稍短于其外稃，脊粗糙；花药长（0.6）1.2~2mm。花果期4—7月。

生境：生于荒漠草原带的山地沟谷，海拔950~1300m。

细叶早熟禾 *Poa pratensis* subsp. *angustifolia* (L.) Lejeun

形态特征：多年生草本。具根状茎；秆直立，丛生，高30~60cm。叶鞘短于节间，平滑无毛，叶舌膜质，先端截平；叶片条形，茎生者对折或扁平，基生者常内卷。圆锥花序较紧缩；小穗卵圆形，绿色或稍带紫色，含2~5花；颖先端尖，具3脉；外稃先端尖而具狭膜质边，基盘密生长绵毛；内稃等长或上部花较长于外稃，脊上具短纤毛。颖果纺锤形，扁平，长约2mm。花果期7—8月。

生境：生于山地草原带的河谷及林缘，海拔950~3200m。

草地早熟禾 *Poa pratensis* L.

形态特征：多年生草本。具根状茎；秆疏丛生，高30~75cm，平滑。叶舌膜质，长1~2mm；叶片线形，宽3~5mm。圆锥花序金字塔形或卵圆形，长10~20cm，宽3~5cm；分枝开展，每节3~5，微粗糙或下部平滑。小穗卵圆形，具3~5小花，长4~6mm；颖卵圆状披针形，第一颖长2.5~3mm，1脉，第二颖长3~4mm，3脉。外稃膜质，脊与边脉中部以下密生柔毛，基盘具稠密长绵毛；第一外稃长3~3.5mm；内稃较短于外稃，脊粗糙；花药长1.5~2mm。颖果纺锤形，具3棱。花果期6—8月。

生境：生于山地草原、林缘草甸及亚高山草甸，海拔1600~3200m。

高山早熟禾 *Poa alpina* L.

形态特征：多年生草本。具根状茎；秆平滑，高4~25（40）cm。叶鞘光滑无毛；叶片扁平或沿中脉对折，先端呈舟形。圆锥花序卵形，稠密；小穗卵形，含2~5花；颖近于等长，宽卵形，质薄，先端锐尖，边缘宽膜质，具明显的3脉；外稃宽卵形，质薄，先端和边缘宽膜质，带紫色，具5脉，基盘无绵毛；内稃等长或最上部的稍长于外稃，先端微凹，上部具小锯齿而微粗糙。花果期6—8月。

生境：分布于山地草原、山地草甸类草地，海拔1600~3200m。

碱茅 *Puccinellia distans* (L.) Parl.

形态特征：多年生草本。秆高20~40cm。叶片扁平或对折，宽1~3mm。圆锥花序幼时为叶鞘所包藏，后伸出而展开，长5~20cm；分枝细长，平展或下垂，小穗长4~6mm，含（3）5~7花；颖质较薄，先端钝，具不整齐的细齿，第一颖长1~1.2mm，具1脉，第二颖长1.5~2mm，具3脉；外稃先端钝或截平，其先端和边缘均具不整齐的细齿，具不明显的5脉，基部具多数柔毛，第一外稃长约2mm；内外稃等长，脊上粗糙；花药长0.5~0.8mm。颖果纺锤形，长约1.2mm。花果期5—9月。

生境：生于平原和山区的河谷草甸、盐化低地草甸及水溪边，海拔930~3200m。

无芒雀麦 *Bromus inermis* Layss.

形态特征：多年生草本。具横走根茎；秆疏丛，高45~80cm，无毛或节下具倒毛。叶鞘闭合，无毛或有短毛；叶舌长1~2mm；叶片宽4~8mm，光滑。圆锥花序长10~20cm，较密集。小穗具6~12花，长1.5~2.5cm；小穗轴节间长2~3mm，生小刺毛；颖披针形，具膜质边缘，第一颖长4~7mm，1脉，第二颖长0.6~1cm，3脉。外稃长圆状披针形，长0.8~1.2cm，5~7脉，无毛，基部微粗糙，先端无芒，钝或浅凹缺；内稃膜质，短于外稃，脊具纤毛；花药长3~4mm。颖果长圆形，褐色，长7~9mm。花果期6—8月。

生境：生于山地林缘草甸、河谷草甸及草甸草原带，是山地草甸的建群种、草甸草原的主要伴生种，海拔1100~2400m。

旱雀麦 *Bromus tectorum* L.

形态特征： 一年生草本。秆直立，高20~60cm。叶鞘生柔毛，叶舌长约2mm。圆锥花序开展，长8~15cm，分枝粗糙，有柔毛，细弱，多弯曲，着生4~8小穗。颖窄披针形，边缘膜质，第一颖长5~8mm，1脉，第二颖长0.7~1cm，3脉。外稃长0.9~1.2cm，7脉，粗糙或生柔毛，先端渐尖，边缘薄膜质，芒自顶端膜质以下伸出；内稃短于外稃，脊具纤毛；花药长0.5~2mm。颖果长0.7~1cm，贴生内稃。花果期5—6月。

生境： 生于低山丘陵及山麓洪积扇，是荒漠、草原化荒漠以及荒漠草原上早春短命植物层片的组成成分，海拔900~1300m。

偃麦草 *Elytrigia repens* (L.) Nevski

形态特征： 多年生草本。具根状茎；秆疏丛生，高40~80cm。叶鞘无毛或分蘖叶的叶鞘被倒生柔毛；叶片宽0.35~1cm，正面粗糙或疏被柔毛，背面粗糙。穗状花序长8~18cm，宽0.8~1.5cm。小穗长1.2~1.8cm，具5~10小花；小穗轴节间无毛；颖披针形，长1~1.5cm，5~7脉，无毛，有时脉间粗糙，边缘膜质；外稃长圆状披针形；5~7脉，芒尖长1~2mm，第一外稃长0.9~1.2cm；内稃短于外稃，脊被纤毛。花果期6—9月。

生境： 生于河谷草甸、山坡草地及荒地路旁，海拔2500m以下。

冰草 *Agropyron cristatum* (L.) Gaertn.

形态特征：多年生草本，根须状，外具砂套。秆高20~60（75）cm。叶鞘紧密裹茎，短于节间，粗糙或边缘微具短毛；叶舌膜质，长0.2~1mm，顶端截平而稍有细齿；叶片宽2~5mm，质较硬而粗糙。穗状花序较粗壮，矩圆形，长2~6cm，宽8~15mm；小穗紧密平行排列成两行，整齐呈篦齿状，含5~7小花，长6~12mm；颖舟形，脊上连同背部脉间被长柔毛，第一颖长2~3mm，第二颖长3~4mm，具略短于颖体的芒；外稃被有稠密的长柔毛或显著地被稀疏柔毛，顶端具短芒长2~4mm；内稃脊上具短小刺毛；花药黄色，长约3mm，颖果长4mm。花果期6—9月。

生境：生于山地的荒漠草原、草原和高寒草原，是典型草原的建群种、亚建群种或主要伴生种，海拔900~3200m。

篦穗冰草 *Agropyron pectinatum* (M.Bied.) Beauv.

形态特征：多年生草本。秆呈密丛，高20~75cm。叶鞘平滑或很少被柔毛；叶片内卷或扁平而边缘内卷，宽1.5~5mm，背面平滑无毛，正面被柔毛或粗糙。穗状花序紧密，卵状长圆形，长1.5~7cm，宽1~2cm，篦齿状；小穗绿色或灰绿色，含3~10花，长8~14mm；颖卵状披针形，长3~5mm，顶端突尖成长2~3mm的芒，具1~3脉，背部具脊，平滑或仅上部边缘粗糙；外稃平滑，长5~7mm，顶端突尖成3~4mm长的芒；内稃稍短于外稃，脊上具短纤毛；花药黄色，长3~4mm。花果期6—9月。

生境：生于山地草甸草原，海拔900~1900m。

新麦草 *Psathyrostachys juncea* (Fisch.) Nevski

形态特征：多年生草本。具下伸的短根茎；秆高40~80cm，基部残留枯黄色纤维状叶鞘。叶鞘无毛；叶片深绿色，宽3~4mm。穗状花序稠密，长9~12cm，宽7~12mm，穗轴脆而易断，侧棱具纤毛；小穗2~3枚生于1节，长8~11mm，淡绿色，成熟后变黄色或棕色，含2~3小花；颖锥形，长4~7mm，被短毛，具1不明显的脉；外稃披针形，被短硬毛或柔毛，具5~7脉，先端渐尖或具1~2mm长的芒，第一外稃长7~10mm；内稃稍短于外稃，脊上具纤毛，两脊间被微毛；花药黄色。花期5—7月，果期8—9月。

生境：生于山地草原、荒漠草原、地表多沙砾质的阳坡及山谷，海拔1100~2200m。

短芒大麦草 *Hordeum brevisubulatum* (Trin.) Link

形态特征：多年生草本。常具根茎；秆丛生，高40~80cm，径约1.5mm，光滑，具3~4节。叶鞘无毛，通常短于节间，常具淡黄色尖形的叶耳，叶舌膜质，截平，长约1mm；叶片长5~15cm，宽2~6mm，正面粗糙，背面较平滑。穗状花序长3~9cm，宽3~5mm，灰绿色，成熟时带紫色；穗轴节间长约2mm，基部者可达6mm，边缘具纤毛；三联小穗两侧者通常较小或发育不全，具长约1mm的柄，其颖为针状，长4~5mm；其外稃无芒，长约5mm；中间无柄小穗的颖形似有柄者，长4~6mm；外稃长6~7mm，较平滑或具刺毛，顶具1~2mm长的尖头；内稃与外稃等长；花药长约3mm。颖果长约3mm，顶端具毛。花期6—8月。

生境：生于山地河谷草甸、河边、草地较湿润的土壤上，海拔900~3000m。

毛穗赖草 *Leymus paboanus* (Claus) Pilger

形态特征：多年生草本，具下伸根茎。秆单生或少数丛生，基部残留枯黄色、纤维状叶鞘，高45~90cm，3~4节，无毛。叶鞘无毛，叶舌长约0.5mm；叶扁平或内卷，长10~30cm，宽4~7mm，正面微粗糙，背面光滑。穗状花序直立，长10~18cm，宽0.8~1.3cm；穗轴较细弱，上部密被柔毛，向下渐无毛，边缘具睫毛，节间长3~6mm，基部者长达1.2cm；小穗2~3枚生于1节，长0.8~1.3cm，具3~5小花；小穗轴节间长约1.5mm，密被柔毛；颖近锥形，长0.6~1.2cm。内稃与外稃近等长，脊上半部具睫毛；花药长约3mm。花果期6—8月。

生境：生于河漫滩草甸，海拔900m左右。

窄颖赖草 *Leymus angustus* (Trin.) Pilger

形态特征：多年生草本。具根茎。秆高60~100cm，具3~4节，花序下部常被短柔毛。叶鞘稍粗糙，灰绿色，通常短于节间；叶片质地较厚而硬，长15~25cm，宽5~7mm，粗糙或背面近于平滑。穗状花序直立，长15~20cm，宽7~10mm，穗轴被短柔毛；小穗2枚生于1节，很少3枚，长7~11mm，含2~3花；颖线状披针形，覆盖第一外稃的基部，向上逐渐狭窄成芒，中上部粗糙，具1粗壮的脉，长10~13mm，第一颖短于第二颖或等长；外稃披针形，密被柔毛，具不明显的5~7脉，顶端为短芒，第一外稃长10~14mm（连芒），基盘被短毛；内稃通常稍短于外稃，脊上部有纤。花果期6—8月。

生境：生于低山带沟谷、草原灌丛带的石质化阳坡，海拔1200~2000m。

毛轴异燕麦 *Helictotrichon pubescens* (Huds.) Pilger

形态特征： 多年生草本。具横走的根茎；秆高30~120cm。叶鞘密被短柔毛；秆生叶舌膜质，长3~6mm，披针形，先端尖；叶片扁平，密被柔毛，长达15cm，宽4~10mm。圆锥花序稍开展；小穗浅绿色或带紫色，膜质，含2~4花，长12~17mm；小穗轴具4~6mm的柔毛；颖不等长，透明膜质，第一颖长10~11mm，具1~3脉，第二颖长13~17mm，具3脉；外稃先端2齿裂，第一外稃长约11mm，粗糙，具5~7脉，基盘被较短的柔毛，芒自稃体中部伸出，膝曲，粗糙，长约15mm；内稃较外稃稍短，长约10mm，具2脊，脊上粗糙；花药长约6mm。花果期6—9月。

生境： 生于山地林缘草甸至亚高山草甸，海拔1600~2700m。

西伯利亚三毛草 *Sibirotrisetum sibiricum* (Rupr.) Barberá

形态特征： 多年生草本。秆高0.5~1.4m，无毛，3~4节。叶鞘基部者长于节间，上部者短于节间，基部多少闭合，叶舌长1~2mm，膜质；叶片长6~20cm，宽4~9mm，粗糙或叶正面被柔毛。圆锥花序长圆形，长10~20cm，宽3~5cm，分枝向上直立或稍伸展，长达6cm，每节多枚丛生。小穗黄绿色或褐色，有光泽，具2~4小花，长0.5~1cm；小穗轴长1.5~2mm，被柔毛；颖无毛，第一颖长4~6mm，1脉，第二颖长5~8mm，3脉。外稃硬纸质，背部粗糙，第一外稃长5~7mm，芒长7~9mm，反曲，下部直立或微扭转；内稃略短于外稃，脊粗糙；鳞被长0.5~1mm。花果期6—8月。

生境： 生于山地的林缘草甸、林下或灌丛中潮湿处，海拔1400~2700m。

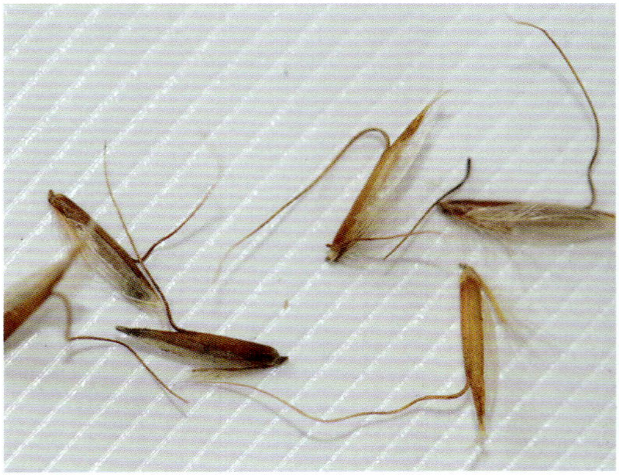

穗三毛草 *Trisetum spicatum* (L.) Richt.

形态特征：多年生草本，须根稠密。秆直立，密丛生，花序以下通常具茸毛，高（5）8~30cm，具1~3节。叶鞘松弛，密生柔毛；叶舌膜质，长1~2mm，顶端撕裂；叶片扁平或纵卷，被柔毛。圆锥花序紧密呈穗状，长2~7cm，宽0.5~1.5cm，常无间断，灰紫色；小穗卵圆形，长4~6mm，含2~3花（常为2花）；颖透明膜质，中脉粗糙，第一颖长4~5.5mm，具1脉，第二颖长5~6mm，具3脉；第一外稃长4~5mm，背部粗糙，顶端2齿裂，基盘被短毛，自稃体顶端以下约1.5mm处生芒，芒长4~6mm，向外反曲；内稃稍短于外稃，2脊粗糙。花果期6—9月

生境：生于高寒草甸，海拔2000~3200m。

阿尔泰落草 *Koeleria altaica* (Domin) Kryl.

形态特征：多年生草本，密丛型。秆高25~40cm。叶鞘密被短柔毛；叶舌膜质，长1~1.5mm；叶片扁平或紧缩，两面均粗糙，宽1~3mm。顶生圆锥花序紧缩呈穗状，淡灰紫色，长4~8cm，宽0.6~1.3cm，主轴及分枝均密被短柔毛；小穗长4~6mm，含2（3）花；小穗轴节间无毛；颖长圆状披针形，先端尖，边缘宽膜质，背部被柔毛，第一颖长3.5~4mm，具1脉，第二颖长约4mm，基部具3脉；外稃披针形，先端和边缘窄膜质，具3脉，先端背部密被柔毛，基盘钝，具微毛，第一外稃长4~4.5mm，内稃稍短于外稃，先端2齿裂，脊部被短纤毛。花果期6—9月。

生境：生于林缘草甸，海拔1800~2100m。

发草 *Deschampsia cespitosa* (L.) P. Beauvois

形态特征：多年生草本，须根柔韧。秆直立或基部稍膝曲，丛生，高30~150cm，具2~3节。叶鞘无毛，上部者常短于节间；叶舌膜质，先端渐尖或2裂，长5~7mm；叶片常纵卷或扁平，长3~7mm，宽1~3mm，分蘖者长达20cm。圆锥花序疏松开展，常下垂，长10~20cm；小穗草绿色或紫褐色，含2小花；第一颖长3.5~4.5mm，具1脉，第二颖等于或稍长于第一颖，具3脉；第一外稃长3~3.5mm，顶端啮蚀状，基盘两侧毛长达稃体的1/3，芒自稃体基部1/4~1/5处伸出，劲直，稍短于或略长于稃体；内稃等长或稍短于外稃；花药长约2mm。花果期7—9月。

生境：生于山地较宽阔的谷地、潮湿或有溪水流经的地段，海拔1300~2900m。

茅香 *Hierochloe odorata* (L.) Beauv.

形态特征：多年生草本。根茎细长；秆高40~60cm，具3~4节。叶鞘无毛或毛极少，长于节间；叶舌透明膜质，长2~5mm，先端啮蚀状；叶片披针形，质较厚，正面被微毛，长5cm，宽7mm，基生者可长达40cm。圆锥花序长约10cm；小穗淡黄褐色，有光泽，长5（6）mm；颖膜质，具1~3脉，等长或第一颖稍短；雄花外稃稍短于颖，顶具微小尖头，背部向上渐被微毛，边缘具纤毛；孕花外稃锐尖，长约3.5mm，上部被短毛。花果期6—9月。

生境：生于山地的山前河漫滩草甸、山地草甸至亚高山草甸，海拔1070~3100m。

高山黄花茅 *Anthoxanthum odoratum* L.

形态特征：多年生草本。具细弱的根茎；秆细弱，丛生，高30~50cm。叶鞘无毛，短于或下部者长于节间；叶片无毛。圆锥花序呈穗状，成熟后金黄色，圆锥花序长2~4cm，宽约1cm，小穗柄长1~2mm，无毛；小穗长7~9mm；颖膜质，无毛；第一颖长约4mm，具1脉，第二颖与小穗等长，具3脉；两不孕花长约3mm，被黄褐色毛，第一外稃中部稍上具长约3mm的直芒，第二外稃近基部具1膝曲的芒，其芒柱长约3mm，芒针长约4mm，孕花长约2mm，外稃光滑；雄蕊2，花药长约3.5mm。花果期6—8月。

生境：生于森林草甸上部和亚高山草甸，海拔1700~2900m。

高山梯牧草 *Phleum alpinum* L.

形态特征：多年生草本。具短根茎；秆高14~40cm，直立，基部倾斜，具纤维状枯萎叶鞘，3~4节。叶鞘松散，下部者长于节间，上部者稍膨大，短于节间，无毛，叶舌长2~3mm，膜质；叶片长2~13cm，宽2~9mm，基部圆。圆锥花序长圆状圆柱形或卵形，常暗紫色，长1~3cm，宽0.8~1cm。小穗长圆形，长3~4mm；颖脊具硬纤毛，先端近平截，具长1.5~3mm的短芒。外稃长约2mm，先端钝圆，5脉，脉具微纤毛；内稃稍短于外稃，2脊具微纤毛；花药长1~1.5mm。颖果长圆形，短于稃体。花果期6—8月。

生境：生于高山和亚高山草甸，海拔2000~2800m。

假梯牧草 *Phleum phleoides* (L.) Karst.

形态特征：多年生草本。具短根茎；秆多数丛生，直立，高15~80cm，具3~4节。叶鞘松弛，大都短于节间，光滑；叶舌膜质，长1~3.5mm；叶片扁平，长2~13cm，宽1.5~4.5mm，正面及边缘粗糙。圆锥花序窄圆柱形，通常紧密，长2.5~10cm，宽4~7mm；小穗长圆形，长2~3mm，两侧压扁；颖背部近革质，边缘膜质，被短纤毛，粗糙，先端延伸成短尖头；外稃长1.5~2mm；内稃略短于外稃。颖果长约1.5mm。花果期6—8月。

生境：生于中山带，是山地草甸草原和山地草甸的主要伴生种和共建种，海拔1000~2500m。

大看麦娘 *Alopecurus pratensis* L.

形态特征：多年生草本。具短根茎；秆少数丛生，高达150cm。叶鞘光滑，松弛；叶舌膜质。圆锥花序圆柱状；小穗椭圆形，两侧压扁，含1花；颖等长，下部1/3互相连合，脊上具纤毛，侧脉被短毛；外稃膜质，等长或稍长于颖，顶端生微毛，芒自近稃体基部伸出，长6~8mm，中部膝曲，上部粗糙，并显著外露；花药黄色，长2~2.5mm。颖果矩圆形，长约3mm。花果期7—8月。

生境：生于山地的草甸植被中，在水分条件较好的河谷阶地、溪水边、低洼地及林缘可形成单优势群落，海拔1500~2500m。

苇状看麦娘 *Alopecurus arundinaceus* Poir.

形态特征：多年生草本。具根状茎；秆单生或少数丛生，高50~80cm，3~5节。叶鞘常短于节间，叶舌长5~7mm，膜质，撕裂状；叶片长5~20cm，宽3~7mm，正面粗糙，背面平滑。圆锥花序灰绿色或成熟后黑色，长2.5~7.5cm，宽0.6~1cm。小穗卵形，长3.5~5mm；颖基部1/4互相连合，先端尖，外曲，脊具长1~2mm纤毛，两侧及边缘疏生毛或无毛。外稃稍短于颖，先端钝且被微毛，芒自稃体中部伸出，直且近光滑，长1~5mm，藏于颖内或稍外露；花药长2.5~3mm。花果期6—8月。

生境：生于山间盆地的河谷草甸、沼泽化草甸及水边湿地，海拔900~3200m。

假苇拂子茅 *Calamagrostis pseudophragmites* (Hall. f.) Koel.

形态特征：多年生草本。具根状茎；秆直立，高40~120cm，径1.5~4mm。叶舌膜质，长4~9mm，长圆形，顶端钝，外面被皮刺；叶片扁平或内卷，宽1.5~5（7）mm。圆锥花序长圆状披针形，疏松开展，长10~25cm，宽（2）3~5cm，分枝簇生，直立；小穗长5~7mm，草黄色或带紫色；颖条状披针形，成熟后张开，顶端长渐尖，不等长，第二颖较第一颖短1/4~1/3，具1脉或第二颖具3脉；外稃膜质，长3~4mm，具3脉，芒自顶端或稍下伸出，细直，长1~3mm，基盘两侧的柔毛等长或稍短于小穗；内稃长为外稃的1/3~2/3。花果期6—8月。

生境：生于山区河流流域地势平坦的河漫滩、山间谷地及水边，海拔1080~1700m。

巨序剪股颖 *Agrostis gigantea* Roth

形态特征：多年生草本。具根状茎；秆基部平卧，高30~130cm。叶舌干膜质，长圆形，长3~6（11）mm，先端齿裂；叶片扁平，线形。花序长圆形或尖塔形，疏松或紧缩，长10~25cm，宽3~10cm。小穗草绿色或带紫色，穗梗粗糙，小穗长2~2.5mm，颖片舟形，两颖等长或第一颖稍长，先端尖，背部具脊，脊的上部或颖的先端稍粗糙；外稃长1.8~2mm，先端钝圆，无芒；基盘两侧簇生长达0.2~0.4mm的毛；内稃长为外稃的2/3~3/4，长圆形，顶端圆或微有不明显的齿。花果期7—8月。

生境：生于山地的中低山河谷草甸、林缘草甸，海拔1000~2000m。

新疆落芒草 *Piptatherum songaricum* (Trinius et Ruprecht) Roshevitz

形态特征：多年生草本。具短根茎；秆密集丛生，高50~100cm。叶鞘光滑无毛，短于节间；叶舌透明膜质，长披针形，长5~8mm；叶片直立，长5~20cm。圆锥花序，15~30cm，每节分枝常2枚，分枝细长，直立、波状弯曲或有时下垂，上部1/3以上着生小穗，下部2/3裸露；小穗卵状披针形；颖透明膜质，两颖等长或第一颖较长，先端长渐尖，微粗糙，长7~10mm，具5脉；外稃革质，卵圆形，长3~4mm，被贴生柔毛，果期为黑褐色，背部自顶端沿脊至基部变光滑，有光泽，基盘光滑无毛，芒自稃体顶端伸出，细弱，长5~6mm，粗糙，易落；内稃与外稃等长，两侧边缘被外稃所包。花果期6—8月。

生境：生于山地草原带石质化坡地及水分条件较好的地段，海拔1100~1900m。

新疆针茅 *Stipa sareptana* Becker

形态特征：多年生草本。秆直立丛生，秆高30~80cm，具2~3节，被细刺毛。叶鞘平滑或具柔毛，短于节间；基生叶舌端钝，秆生者披针形，长5~7（10）mm；叶片纵卷如针状，背面粗糙并被细刺毛，基生叶长为秆高的1/20。圆锥花序基部为顶生叶鞘所包，长10~20cm；小穗草黄色；颖披针形，先端细丝状，长1.5~2.7cm，第一颖具3脉，第二颖具5脉；外稃长9~11mm，具纵条毛，达稃体的3/4，顶端毛环不明显，基盘尖锐，长约3mm，被密毛，芒两回膝曲扭转，光滑无毛，第一芒柱长2.5mm，第二芒柱长10mm，芒针长约9cm；内稃与外稃近等长，具2脉。颖果圆柱形，长约6mm，黑褐色。花果期6—8月。

生境：生于干草原、荒漠草原及戈壁沙滩上，海拔1140~2700m。

沙生针茅 *Stipa caucasica* subsp. *glareosa* (P. A. Smirnov) Tzvelev

形态特征：多年生草本，须根粗韧，外具砂套。秆直立丛生，高12~25cm，基部宿存枯萎叶鞘。叶片纵卷呈针状。圆锥花序基部常包藏叶鞘内，分枝仅具1小穗；颖披针形，顶端具细丝状尾尖；外稃背部具贴生成纵行的短毛，顶端关节处生一圈短毛；芒一回膝曲扭转，芒柱长约1.5cm，具长约2mm的柔毛，芒针长3cm，具长约4mm的羽状毛；内稃与外稃近等长，具1脉。花果期5—9月。

生境：生于山地和山前倾斜平原，是组成荒漠草原的建群种或共建种，海拔1100~3200m。

长羽针茅 *Stipa kirghisorum* P. Smirn.

形态特征：多年生草本。秆高35~60cm。叶鞘长于节间，粗糙或具细刺毛；基生叶舌长1~1.5mm，端钝，具长1~2mm的缘毛，秆生者先端渐尖，长可达4mm；叶片纵卷如针状，粗糙或具细刺毛，基生叶长为秆高2/3或与植株等长。圆锥花序常为顶生叶鞘所包，长10~15cm；颖长4~6cm，先端丝芒状，具3~5脉；外稃长1.5~1.6cm，背部具渐成条状的柔毛，基盘尖锐，长约4mm，密被短柔毛，芒两回膝曲扭转，第一芒柱长5~6cm，第二芒柱长1~2cm，芒针弯曲，长12~18cm，具4~5mm的淡黄色羽状毛；内稃与外稃近等长，具2脉。花果期6—8月。

生境：常生于山地草原带的石质山坡，是草甸草原的优势种，海拔1300~2000m。

羽茅 *Achnatherum sibiricum* (L.) Keng

形态特征：多年生草本。植株具鞘外分枝，基部有鳞芽；秆疏丛生，高0.5~1.5m。叶鞘无毛，叶舌长0.5~2mm，截平，先端齿裂；叶片扁平或边缘内卷，直立，长20~60cm，宽3~7mm。圆锥花序长10~30（60）cm，宽2~3cm。小穗草绿色或紫色，长0.8~1cm；颖长圆状披针形，近等长，微粗糙，3脉，脉上被刺毛。外稃长6~7mm，先端2微齿不明显，密被长1~2mm柔毛，下被较短柔毛，3脉，脉于先端汇合，基盘状，长约1mm，被毛，芒长1.8~2.5cm，一回或不明显二回膝曲，芒柱扭转被细微毛；内稃约等长于外稃，2脉间被短毛；花药长约4mm，顶端具毫毛。花果期6—9月。

生境：生于山坡林缘、灌丛草甸、河边或路旁，海拔1500~2550m。

白羊草 *Bothriochloa ischaemum* (L.) Keng

形态特征：多年生草本。具下伸短根茎；秆直立或基部膝曲，丛生，高25~80cm；叶舌膜质，先端钝圆，具纤毛；叶片狭条形，两面疏生柔毛或背面无毛。总状花序指状排列于短缩的主轴上，细弱，灰绿色或带紫色；第一外稃长圆状披针形，先端尖，边缘上部疏生纤毛；第二外稃退化成条形，先端延伸成一膝曲的芒；有柄小穗雄性，较无柄小穗色深，无芒。花果期7—9月。

生境：生于低山丘陵的山坡草地和荒地，是山地草原的建群种，局部地段可形成单优势群落，海拔980~2600m。

莎草科 Cyperaceae

扁秆荆三棱 *Bolboschoenus planiculmis* (F. Schmidt) T. V. Egorova

形态特征：多年生草本。具匍匐根状茎和块茎；秆高40~100cm，三棱形，近花序部分粗糙，基部膨大，具秆生叶。叶扁平，宽2~5mm，先端渐窄，叶鞘长；苞片叶状，1~3，长于花序，边缘粗糙。长侧枝聚伞花序头状，或具少数辐射枝，具1~6小穗。小穗卵形或长圆状卵形，锈褐色，长1~1.6cm，宽4~8mm，花多数。鳞片膜质，长圆形或椭圆形，长6~8mm，褐色或深褐色，疏被柔毛，中肋稍宽，先端稍缺刻状撕裂，具芒；下位刚毛4~6，生倒刺，长为小坚果1/2~2/3；雄蕊3；柱头2。小坚果宽倒卵形或倒卵形，扁，两面稍凹，长3~3.5mm。花期5—6月，果期7—9月。

生境：生于河边近水处，海拔900~1600m。

短柄薹草 *Carex pediformis* C. A. Mey. in Mem.

形态特征： 多年生草本。根状茎斜生，秆高25~40cm。叶短于秆，宽2~3mm，基部具褐色或暗褐色分裂成纤维状的宿存叶鞘。苞片佛焰苞状。小穗3~4，下部1个稍疏离，余较接近；顶生雄小穗棒状圆柱形，长0.8~2cm，侧生雌小穗长圆形或长圆状圆柱形，长1~2cm，花多数，小穗柄通常不伸出苞鞘。雌花鳞片倒卵形、卵形、卵状长圆形或长圆形，长4~4.5mm，先端钝或急尖，具短尖或短芒，纸质，两侧褐色或褐红色，有白色宽膜质边缘，中间绿色，1~3脉。果囊倒卵形或倒卵状长圆形，钝三棱状，长3.5~4.5mm，淡绿色，密被白色短柔毛，背面无脉，腹面具2侧脉及数细脉，具长柄，喙短外弯，喙口微凹。花柱基部增粗，柱头3。小坚果倒卵形，三棱状，长2.5~3mm，黄褐色。花果期5—8月。

生境： 生于草原、山坡、疏林及林间坡地，海拔1500~2400m。

草原薹草 *Carex liparocarpos* Gaudin

形态特征： 多年生草本，灰绿色。具根状茎，形成疏丛；秆高8~15（20）cm。下部叶鞘红褐色，稍细裂成纤维网状；叶片较硬，边缘内卷，宽1.5~3.5mm，稍粗糙。下部苞片叶状，具鞘，鞘长5~8mm，苞片等长或稍短于花序；小穗2~4枚，顶端为雄小穗，棒状，长1~2cm，雄花鳞片长圆状卵形，浅锈色，顶端钝，边缘宽膜质；其余为雌小穗，卵形至长圆形，长0.8~1.5cm，很少具柄，下部柄长达1cm，雌花鳞片宽卵形，顶端急尖或钝，锈色，具浅色中脉，边缘宽膜质，短于果囊；果囊半革质，卵形，凸三棱状，长3.5mm，光滑无毛，黄褐色，有光泽，具3~5条肋状加粗的脉，顶部急收缩成短筒状喙，喙口边缘膜质。花果期4—6月。

生境： 生于山地草原带，海拔1300~2000m。

白尖薹草 *Carex atrofusca* Schkukr

形态特征：多年生草本，深绿色。具短根茎；秆三棱形，高10~30cm。基部具浅褐色叶鞘；叶片扁平或向下卷，2~3倍短于秆，宽3~5mm。苞片刚毛状，具鞘；小穗2~5枚，彼此接近，顶生者为雄小穗，卵形或矩圆状卵形，长1~1.2cm，下垂，雄花鳞片卵形，尖，深褐色；其余为雌小穗，卵形至矩圆形，长1~1.5cm，紧密，具粗而平滑的柄，柄长2~3cm，偏向花序轴一侧，雌花鳞片卵形，尖，暗紫褐色，中肋淡白色，顶端膜质，具狭的淡白色膜质边，稍短于果囊；果囊椭圆至矩圆形，极压扁的三棱状，长4.5~5.5mm，上部暗紫褐色，下部和边缘无色或色淡，顶端具短喙，喙口微2齿裂，边缘白色膜质。小坚果矩圆形，扁三棱状；柱头3。花果期6—8月。

生境：生于高山灌丛草甸、流石滩下部或杂木林下，海拔2200~3100m。

细果薹草 *Carex stenocarpa* Turcz. ex V. Krecz.

形态特征：多年生草本。具短根茎，密丛；秆高20~50cm，基部具淡褐色撕裂的叶鞘。叶片质较硬，宽3~6mm。下部苞片具发育的鞘和叶片；小穗3~5枚，上部1~2枚为雄小穗，雄花鳞片宽披针形，锈褐色，膜质；其余为雌小穗，卵形至卵状长圆形，长1.5~2.3cm，疏松，具细而粗糙的柄，柄长5~6cm，下垂，雌花鳞片卵形，尖，紫褐色，具1脉，边缘窄膜质，短于果囊；果囊椭圆形至披针形，三棱状，长5~6mm，紫褐色，无脉，上部边缘具短刺毛，具2齿裂的长喙；柱头3。花果期5—9月。

生境：生于森林草甸、高山和亚高山草甸，海拔1900~3200m。

柄囊薹草 *Carex stenophylla* Wahl.

形态特征： 多年生草本，须根灰色。根状茎斜伸，具3~10束分蘖枝，形成疏丛；秆粗糙，高15~45cm。基部具坚实的锈色鞘；叶片扁平或内卷呈针状，宽1.5~2.5mm，短于秆。小穗5~10枚，较大，雄雌顺序，聚集成椭圆形的穗状花序，花序长1~3cm；鳞片卵形，顶端尖或具芒尖，浅锈褐色，具白色窄膜质边，短于果囊；果囊薄革质，宽卵形，长4~4.5mm，平凸状，锈褐色，有光泽，具肋状脉，基部圆形，具明显的短柄，顶端逐渐收缩成粗糙的长喙，喙口2齿裂；柱头2。花果期5—8月。

生境： 生于山区的河谷、湖滨、水渠边等水分条件较好的草甸和沼泽草甸，海拔2500~3000m。

灯芯草科 Juncaceae

中亚灯心草 *Juncus turkestanicus* V. I. Krecz. et Gontsch.

形态特征： 一年生草本，青绿色。茎于中部以上多分枝，高10~30cm，基部被浅锈色，稍宽的叶鞘。叶片半紧缩，宽达1mm，长达花序。聚伞花序多不对称型的分枝；叶状总苞片长约等于花序的1/2；花常数朵密聚于分枝顶端；小苞片卵形，长2~2.5mm，膜质；花被片宽卵形至卵状披针形，中间具窄的绿色条纹，边缘宽膜质，近于等长，外轮花被片尖，长4.5~5mm，内轮花被片钝，长4~4.7mm，不宽于外轮花被；花药长约1.5mm，几与花丝等长。蒴果椭圆状长圆形，顶部圆形，锈色，长4~4.8mm。种子圆卵形，长0.3~0.4mm，浅锈色，有光泽。花果期6—9月。

生境： 生于沼泽草甸及水溪边，海拔1200~2600m。

团花灯芯草 *Juncus gerardi* Lois.

形态特征：一年生簇生草本。茎直立，纤弱，高约13cm。叶条形。花序分枝，聚伞状或圆锥状，长达植物体的2/3~3/4；总苞片条形，短于花序；小苞片2枚，宽卵形至卵状三角形，膜质；花通常多数，分散，有花梗；花被片披针形，背面中部隆起加厚，绿色，边缘膜质，透明；雄蕊6枚，长达花被片的1/2，花药矩圆形，淡黄色；子房椭圆形，花柱较短，柱头3。蒴果近于球形，顶端圆形，具短尖头，淡黄绿色，三室。种子卵球形，两端尖，黄褐色，有条纹。花果期5—8月。
生境：生于积水沼泽、水边湿草地，海拔1100~3200m。

棱叶灯芯草 *Juncus articulatus* L.

形态特征：多年生草本，绿色。具根状茎；茎圆柱形，具沟槽，基部被红褐色叶鞘。叶片圆筒形；叶鞘顶部具宽而钝的叶耳。头状花序，由头状花序再组成聚伞花序；总苞片直，短于花序；小苞片膜质，卵形至披针形，短于花；花长2.5~3mm；花被片披针形，等长，中间绿色，周围褐色，边缘白色膜质，外轮花被片尖，内轮花被片钝。蒴果三棱状长圆形，顶端具短喙，浅褐色，长3.4~4mm。种子浅褐色，卵形，长约0.5mm。花果期5—8月。
生境：生于山区的沼泽草甸和水溪边，海拔1170~2600m。

西伯利亚地杨梅 *Luzula sibirica* V. Krecz.

形态特征：多年生草本。根状茎粗短；茎直立，高10~35cm。叶多基生，叶片条状披针形，宽2~3mm，散生柔毛。花密聚成穗状花序，由数个穗状花序组成紧缩的聚伞花序；总苞片通常长于花序，小苞片膜质，卵形，短于花的1~1.5倍；花被片卵状披针形，长2.5~2.8mm，先端尖，等长；雄蕊长1.4~1.5mm，花药黄色，与花丝等长。蒴果卵圆形，等长或稍短于花被片。花果期6—8月。

生境：生于亚高山草甸及林下湿草地，海拔2000~2800m。

百合科 Liliaceae

阿尔泰藜芦 *Veratrum lobelianum* Bernh.

形态特征：多年生草本。根状茎较粗，具肉质的须根。茎高0.5~1m，直立，圆柱形。叶较大，互生，宽卵状椭圆形或条形。圆锥花序较长，具多数近等长的侧生总状花序，花序轴密生灰色柔毛。花密生，黄绿色，花被片狭椭圆形；雄蕊6枚；子房无毛。果为蒴果。种子多数。花果期7—8月。

生境：生于山地林下阴湿处，是山地草甸类草地的伴生种，海拔1500~2000m。

阿尔泰独尾草 *Eremurus altaicus* (Pall.) Stev.

形态特征：多年生草本，植株高60~120cm。条形叶宽。苞片锥形，先端具长芒，背面有1条褐色中脉；花梗顶端具关节；花被窄钟形，淡黄色或黄色，花被片长约1cm，背部3脉，到中部合成1脉，花枯萎时花被片顶端内卷，到果时又从基部向后反折；花丝较长，雄蕊明显露于花被之外。蒴果直径6~10mm，通常带绿褐色，表面平滑。种子三棱形，两端具不等宽的窄翅。花期5—6月，果期7—8月。

生境：生于山地草原、草甸草原的砾石山坡及阳坡谷地，海拔1300~2200m。

粒鳞顶冰花 *Gagea granulosa* Turcz.

形态特征：多年生草本。地下鳞茎卵形，外面基部周围有许多小鳞茎，皮棕褐色，近膜质。基生叶1枚，条形，长约24cm，宽2~5mm。总苞片披针形，稍长于花序。花通常2~4朵，排成伞形花序；花梗光滑或具星散柔毛；花被片窄椭圆状条形或条状披针形，长9~11mm，宽1.5~2mm，顶端钝，里面黄色，外面黄绿色；雄蕊长为花被片的一半；柱头头状。蒴果三棱形。花果期5—6月。

生境：生于山地针叶林下、灌木及潮湿草地上，海拔1300~2000m。

新疆猪牙花 *Erythronium sibiricum* (Fisch. et Mey.) Kryl.

形态特征：多年生草本，植株高15~25cm。鳞茎长3.5~4.5cm，近基部一侧有几个扁球形鳞茎。叶2枚对生，着生在茎中部，披针形或近矩圆形，先端渐尖或急尖，基部楔形。花单于生茎顶端。下垂；花被片披针形，下部白色，上部紫红色，反折；内花被片里面基部有4个胼胝体，两侧各有一个披针形的耳；花丝在中部加宽，卵形，花药近狭矩圆形；花柱向上增粗，具3裂柱头。花期5—6月，果期6—7月。

生境：生于山地林下、灌木丛中以及亚高山草甸中，海拔1500~2000m。

异瓣郁金香 *Tulipa heteropetala* Ledeb.

形态特征：多年生草本，株高10~20cm。鳞茎皮纸质，内面上部有伏毛。茎无毛，长10~20mm。叶2（3）枚，条形，宽0.5~1.5cm。花单朵顶生，黄色；花被片长20~25mm，宽4~8mm，先端渐尖或钝；外花被片背面绿紫色，内花被片基部渐窄成近柄状，背面有紫绿色纵条纹；雄蕊3长3短；花丝无毛，中下部扩大，向两端逐渐变窄；花药先端有紫黑色短尖头；花柱长。花期5月，果期6月。

生境：生于灌丛下，海拔1200~2400m。

新疆野百合 *Lilium martagon* var. *pilosiusculum* Freyn

形态特征：多年生草本。地下鳞茎由多数鳞瓣组成，先端急尖，淡黄色或乳白色。茎高30~60cm，具紫色条纹，光滑无毛。叶轮生，披针形，具平行叶脉。苞片叶状，披针形。花单生或数个排列成总状花序；花梗先端弯曲；花钟状，下垂，紫红色，有斑点；花被片向外反卷，椭圆形；雄蕊6枚，暗紫色，柱头膨大。蒴果倒卵状矩圆形，6棱。种子多数。花果期5—7月。

生境：生于山地草原带及云杉林下，是山地草甸类草地伴生种，海拔1500~2000m。

新疆韭 *Allium flavidum* Ledeb.

形态特征：多年生草本。地下鳞茎单生或2个聚生，卵圆形，外皮灰褐色至黄褐色，破裂成纤维状，呈网状。茎高15~40cm，茎1/3~1/2被叶鞘。叶条形。伞形花序球状，具密集的小花，花具梗近等长，常等于花被片，很少比其长2倍，基部具小苞片；花白色至淡黄色；花被片圆形至卵状矩圆形，内轮长于外轮1/5~1/4；花丝等长，基部合生并与花被片贴生，内轮基部扩大，每侧各具1齿；子房倒卵球状，腹缝线基部具凹陷的蜜穴；花柱比子房长，伸出花被外。花果期7—8月。

生境：生于山地草原中，海拔1500~2000m。

北韭 *Allium lineare* L.

形态特征：多年生草本。鳞茎单生或2枚聚生，近圆柱状，外皮黄褐或灰褐色，网状。叶线形，叶缘光滑或具细糙齿。茎高15~40cm。花莛圆柱状，1/3~1/2被疏离叶鞘；总苞2裂，宿存；伞形花序球状或半球状，多花密集。花梗近等长，长为花被片的1.5~3倍，具小苞片；花紫红色；内轮花被片长圆形或椭圆形，外轮长圆状卵形；花丝等长，长为花被片1.5~2倍，基部合生并与花被片贴生，内轮基部扩大，其扩大部分长大于宽，两侧具长齿，有时齿端具2~4不规则小齿，外轮锥形；子房倒卵圆形，腹缝基部具凹陷蜜穴，花柱伸出花被。花果期7—8月。

生境：生于平原荒漠或山地草原带的阳坡，海拔1800~2400m。

辉韭 *Allium strictum* Schrad.

形态特征：多年生草本。鳞茎单生或2枚聚生，圆柱头，外皮黄褐色，分裂成纤维状，茎高35~60cm，网状。茎圆柱状，光滑。叶条形，中空，短于茎，边缘光滑或具细齿，基部叶鞘抱茎。总苞2裂，宿存；伞形花序球形或半球形，具密集的小花；小花梗等长，长于花被片1.5~3倍，基部具小苞片；花淡紫色至淡紫红色；花被片内轮矩圆形至椭圆形，外轮稍短；花丝近等长，长于花被片，基部合生并与花被片贴生，内轮基部扩大，每侧常各具1短齿，或齿的上部又具2~4枚不规则的齿；子房倒卵状球形，腹缝线基部具凹陷的蜜穴；花柱略伸出花被外；花果期7—8月。

生境：生于山地草甸及云杉林空地中，海拔1500~2500m。

碱韭 *Allium polyrhizum* Turcz. ex Regel

形态特征：多年生草本。鳞茎数枚密集簇生，圆柱状，外皮黄褐色，近网状。叶半圆柱状，短于花莛，宽0.25~1mm，叶缘具细糙齿，稀平滑。茎高7~35cm，花莛圆柱状，下部被叶鞘；总苞2~3裂，宿存；伞形花序半球状，多花密集。花梗近等长，长为花倍片2倍或近等长，具小苞片，稀无；花紫红或淡紫红色，稀白色；内轮花被片长圆形，外轮卵形；花丝等长，等于或稍长于花被片，基部1/6~1/2合生成筒状，合生部分1/3~1/2与花被片贴生，内轮离生部分的基部扩大，其扩大部分每侧各具齿，极稀无齿；子房无凹陷蜜穴，花柱长于子房。花果期6—8月。

生境：生于阳坡、草地、盐碱地及石质坡地，海拔1000~3200m。

阿尔泰葱 *Allium altaicum* Pall.

形态特征：多年生草本。鳞茎卵状圆柱形，粗壮，大小不一，外皮红褐色，薄膜质，剥落；茎高30~80cm，中空。叶2~3个，宽0.6~2cm，中空，圆筒状，短于茎；1/4~1/2具叶鞘。总苞早期淡紫色，膜质，等于花序，2裂，不脱落；伞形花序球状，具多而密的花；小花梗粗壮，稍短于花被片或为其1.5~2倍长，基部无小苞片；花淡黄色；花被片外轮近卵形或长圆状披针形，内轮椭圆形，等长或外轮的略短；花丝等长，长于花被片1~2倍，基部合生与花被片贴生，无齿；子房倒卵形，腹缝线基部具窄的蜜穴，花柱伸出花柱外。花果期8—9月。

生境：生于山地草原带及砾石质坡地，海拔900~1200m。

棱叶韭 *Allium caeruleum* Pall.

形态特征：多年生草本。鳞茎单生，近球状，径1~2cm，基部常具小鳞茎，外皮暗灰色，纸质，不裂。叶线形或三棱状线形，干时常扭卷，短于花莛，光滑，或与叶鞘沿纵脉具细糙齿。花莛圆柱状，高达85cm，约1/3被叶鞘；总苞2裂，宿存；伞形花序半球状或球状，花多而密集。花梗近等长，长为花被片2~6倍，具小苞片；花天蓝色；花被片长圆形或长圆状披针形，等长，内轮较窄；花丝等长，基部合生并与花被片贴生，基部三角形，扩大部分有时两侧具齿，外轮锥形；子房近球形，具疣状突起，腹缝基部具凹陷蜜穴。花果期5—7月。

生境：生于荒漠及干旱山坡，海拔900~2300m。

宽苞韭 *Allium platyspathum* Schrenk

形态特征：多年生草本植物。鳞茎单生或数枚簇生，卵状或卵状圆柱形，鳞茎外皮褐紫色或黑色，膜质或纸质，干时开裂或不开裂；茎高15~80cm，圆柱形，基部具短的根状茎。叶条状，扁平，弯曲，但不呈镰刀形，宽3~15mm。总苞2裂，与花序近等长，初时紫色，后变无色或淡紫色；伞形花序球状或半球状，具密集的花；小花梗近等长，基部无小苞片；花紫红色至淡红色；花被片披针形至条状披针形，外轮稍短；花丝等长，锥形，等于或1.5倍长于花被片，基部合生并与花被片贴生；子房近球形，腹缝线基部具凹陷的蜜穴。花果期6—8月。

生境：生于阴湿山坡、草地及林下，海拔2000m左右。

新疆天门冬 *Asparagus neglectus* Kar. et Kir.

形态特征：直立草本或稍攀缘，高可达1m。根细长。茎近平滑或略具条纹，中部常有纵向剥离的白色薄膜；分枝密接。叶状枝每7~25枚成簇，近刚毛状，略有钝棱，一般稍弧曲，在茎上一般为多束聚生，且数目达几十枚；茎上的鳞片状叶基部有长2~3mm的刺状距。花每1~2朵腋生；花梗长1~1.5cm，关节位于上部；雄花花被长5~7mm；花丝中部以下贴生于花被片上；雌花较小。浆果熟时红色，有1~3粒种子。花期5—6月，果期8月。

生境：生于沙质河滩、河岸、草坡及丛林下，海拔1080~1700m。

鸢尾科 Iridaceae

细叶鸢尾 *Iris tenuifolia* Pall.

形态特征：多年生密丛草本，植株基部残留老叶叶鞘。根状茎块状，短粗，木质。叶丝状，长20~60cm，宽1.5~2mm，扭曲卷旋，中脉不明显。花茎甚短，不伸出地面；苞片4枚，边缘膜质，中脉明显，内包有2~3朵花；花蓝紫色；花被管长4~6cm，外花被裂片匙形，爪长，中央呈沟状，无附属物，有时具纤毛，内花被裂片直立；雄蕊约3cm；花柱具分枝，顶端三角形，子房圆柱状。蒴果倒卵形，顶端有短喙，成熟后开裂；种子长圆形；表面多皱纹，黑褐色。花期5—6月，果期6—9月。

生境：生于山地草甸草原、前山冲积扇荒漠草原、沙地及半固定沙丘，海拔900~1400m。

中亚鸢尾 *Iris bloudowii* Ledeb.

形态特征：多年生草本，植株基部有残留老叶纤维及膜质叶鞘。根状茎粗，棕褐色，须根黄白色。叶剑形或条形，弯曲或略弯曲，叶长8~22cm，叶宽3.5~12mm，茎部鞘状。花茎高8~30cm，无分枝；苞片3枚，膜质，带红紫色，内包含2朵花；花鲜黄色，外花被裂片长约4cm，上部反折，爪部狭楔形，中脉有毛状附属物，内花被裂片3~4.5cm，倒披针形，直立。蒴果卵圆形，具横网纹。花期5—6月，果期6—8月。

生境：生于亚高山灌丛草原及河谷草甸，海拔1200~2500m。

膜苞鸢尾 *Iris scariosa* Willd. ex Link

形态特征：多年生草本，植株基部包有稀疏老叶纤维。根状茎斜伸。叶灰绿色，剑形或镰状弯曲，叶长10~18cm，中部较宽，宽1~1.8cm。花茎高约1cm；苞片3，膜质，边缘红紫色，包2花。花蓝紫色；花被筒上部喇叭形，长约1cm；外花被裂片倒卵形，长约6cm，中脉有黄色须毛状附属物，内花被裂片倒披针形，长约5cm；雄蕊长约1.8cm；花柱分枝淡紫色，顶端裂片窄三角形，子房纺锤形。蒴果纺锤形或卵圆状柱形，无喙，有环状物，6肋凸出。花期4—5月，果期6—7月。

生境：生于石质山坡向阳处或沟旁，海拔900~1200m。

参考文献

傅立国.中国高等植物[M].青岛：青岛出版社.2001.

李德铢.中国维管植物科属词典[M].北京：科学出版社,2018.

米吉提·胡达拜尔地.新疆高等植物检索表[M].乌鲁木齐：新疆大学出版社,2000.

新疆维吾尔自治区畜牧厅.新疆主要饲用植物志：第1册[M].乌鲁木齐：新疆人民出版社,1990.

新疆维吾尔自治区畜牧厅.新疆草地植物名录[M].乌鲁木齐：新疆人民出版社,1990.

新疆维吾尔自治区畜牧厅.新疆主要饲用植物志：第2册[M].乌鲁木齐：新疆人民出版社,1994.

新疆植物志编辑委员会.新疆植物志：第1卷[M].乌鲁木齐：新疆科技卫生出版社,1993.

新疆植物志编辑委员会.新疆植物志：第2卷第1分册[M].乌鲁木齐：新疆科技卫生出版社,1994.

新疆植物志编辑委员会.新疆植物志：第2卷第2分册[M].乌鲁木齐：新疆科技卫生出版社,1995.

新疆植物志编辑委员会.新疆植物志：第3卷[M].乌鲁木齐：新疆科学技术出版社,2011.

新疆植物志编辑委员会.新疆植物志：第4卷[M].乌鲁木齐：新疆科学技术出版社,2004.

新疆植物志编辑委员会.新疆植物志：第5卷[M].乌鲁木齐：新疆科技卫生出版社,1999.

新疆植物志编辑委员会.新疆植物志：第6卷[M].乌鲁木齐：新疆科技卫生出版社,1996.

中国科学院北京植物研究所.中国高等植物图鉴：第3册[M].北京：科学出版社,1974.

中国科学院北京植物研究所.中国高等植物图鉴：第4册[M].北京：科学出版社,1975.

中国科学院兰州沙漠研究所.中国沙漠植物志：第1卷[M].北京：科学出版社,1985.

中国科学院兰州沙漠研究所.中国沙漠植物志：第2卷[M].北京：科学出版社,1987.

中国科学院兰州沙漠研究所.中国沙漠植物志：第3卷[M].北京：科学出版社,1992.

中国科学院植物研究所.中国高等植物图鉴：第1册[M].北京：科学出版社,1972.

中国科学院植物研究所.中国高等植物图鉴：第2册[M].北京：科学出版社,1972.

中国科学院植物研究所.中国高等植物图鉴：第5册[M].北京：科学出版社,1976.

中文名称索引

学名索引

C

D

E

L

M

N

O

P